要点と整理

物理から考える
微分積分入門

松田 修 著

電気書院

はじめに

　数学，特に微分積分は理工学の基礎であるといわれる。しかし，それが応用される場面では，関連と内容がなかなか理解できないという声をよく耳にする。本書ではそれを少しでも克服したいと考えている読者のために，特に物理のいくつかのトピックスを例に，微分積分がどのように応用されているか，極めて初歩の初歩という立場で解説することを試みた。

　最近の微分積分の本は，微分の章と積分の章は別々に扱われることが主流である。しかし，本書では，まず第1章で主に多項式に関してだけを扱い，微分と積分，そして極めて簡単な微分方程式までを，短時間に学習し全体像を理解できるスタイルにした。このことで，微分と積分とはどういったものかという全体の理解が一気に進むと考える。そして，そのような理解の上で，第2章では物体の自由落下や放物運動などの力学の初歩にチャレンジする。重力の存在を認め，微分積分が分かっていれば，距離と速度と加速度の3つの概念から，このような運動は簡単に扱うことができるということが，実感してもらえるはずだ。第3章以降も，その前の章で学習した項目を前進させた微分積分を少しずつ紹介していき，その次の章でそれらの微分積分に関係する物理を学習するというスタイルで進んでいく。

　本書のもう一つの特徴は，各章の最後の節に「ポイントを振り返る」ための演習問題を列挙した点にある。数学の多くの入門書では，各章の終わりに章末問題を置くことで，「ポイントを振り返る」ことを暗に促している。しかし，実際の学生の様子をみていると，問題が解けたかどうかだけが関心の中心になっており，その章全体で何が書いてあったか，そ

の意味を思い返すという行動をとっている学生が極めて少ないのである。本来は章全体の意味を思い出すことの方がずっと大切であるはずなのに。そのような理由から，本書の読者には「ポイントを振り返る」という行為ができるような配慮をした。最後の節でその章で学んだことをじっくりと思い返してみてほしい。

　本書は，理工学のための微分積分の入門書であり，物理との繋がりを意識して構成されたものでもある。つまり理解が散漫にならないようにしたために，通常の微分積分に書かれている内容が省かれているものもある。例えば極値や最大値，最小値の内容などである。それらの項目は他の本を参考にしていただきたい。本書で読者に期待することは，細かなことはさておき，何よりも微分積分の全体像を理解すること，そして物理との繋がりを見てもらい，なるほどと感じてもらうことである。それが理解の楽しさに繋がればと願っている。

　最後に，本書の校正に協力してくださった津山高専機械工学科2年生の古閑史恭くん，そして茨城工業高等専門学校の山本茂樹先生，各章に歴史的な数学者のイラストを描いて下さった情報工学科4年の野山由貴さんのお三人に感謝の意を，さらに，本企画にご尽力いただいた電気書院の田中建三郎氏にも心からお礼を申し上げる。

平成24年3月　著者

目 次

序章　17世紀に発見された微分積分 … 1

第1章　微分と積分の考え方　5
1.1　微分係数と接線の傾き … 6
1.2　関数の導関数 … 10
1.3　導関数の線形性 … 15
1.4　不定積分の考え方 … 16
1.5　簡単な微分方程式 … 20
1.6　第1章のポイントを振り返る … 22

第2章　物体の運動と微分積分　25
2.1　速度と加速度 … 26
2.2　自由落下 … 29
2.3　鉛直投げ … 34
2.4　水平投射 … 38
2.5　斜方投射 … 42
2.6　第2章のポイントを振り返る … 45

第3章　微分積分学の基本定理　47
3.1　定積分の考え方 … 48
3.2　平均値の定理 … 51
3.3　微分積分学の基本定理 … 53
3.4　第3章のポイントを振り返る … 55

第 4 章　微積分の計算術　　57
- 4.1　積と商の微分公式　　58
- 4.2　合成関数の微分公式　　61
- 4.3　部分積分　　62
- 4.4　置換積分の公式　　63
- 4.5　第 4 章のポイントを振り返る　　65

第 5 章　力学の初歩と微分積分　　67
- 5.1　力とは　　68
- 5.2　仕事とポテンシャル　　70
- 5.3　運動エネルギー　　72
- 5.4　力学的エネルギーの保存則　　75
- 5.5　力積と運動量　　77
- 5.6　衝突と運動量保存の法則　　80
- 5.7　第 5 章のポイントを振り返る　　83

第 6 章　初等超越関数の微分積分　　85
- 6.1　三角関数の微分積分　　86
- 6.2　対数関数の微分積分　　90
- 6.3　指数関数の微分積分　　94
- 6.4　変数分離形の微分方程式　　96
- 6.5　1 階線形微分方程式　　99
- 6.6　第 6 章のポイントを振り返る　　101

第 7 章　初等超越関数を扱った物理　　103
- 7.1　等速円運動　　104

7.2	RL 回路	107
7.3	交流回路	110
7.4	放射性崩壊	114
7.5	第 7 章のポイントを振り返る	116

第 8 章 定積分の応用   117

8.1	関数がつくる図形の面積	118
8.2	極座標表示の図形の面積	123
8.3	曲線の長さ	125
8.4	回転体の体積	130
8.5	回転面の表面積	132
8.6	第 8 章のポイントを振り返る	135

第 9 章 剛体の力学   137

9.1	平面図形のモーメントと重心	138
9.2	慣性モーメント	142
9.3	回転運動と運動方程式	146
9.4	回転運動の運動エネルギー	151
9.5	第 9 章のポイントを振り返る	153

第 10 章 微分積分の発展的内容   155

10.1	高次導関数	156
10.2	テイラーの定理	157
10.3	マクローリン級数	160
10.4	オイラーの公式	163
10.5	第 10 章のポイントを振り返る	164

第11章 定数係数の線形微分方程式の解法　　167

11.1 定数係数の同次線形微分方程式 168

11.2 定数係数の非同次線形微分方程式1 172

11.3 定数係数の非同次線形微分方程式2 175

11.4 第11章のポイントを振り返る 177

第12章 振動の微分方程式　　179

12.1 単振動 180

12.2 単振り子 182

12.3 減衰振動 185

12.4 強制振動 188

12.5 第12章のポイントを振り返る 191

演習と章末問題の解答　　193

序章　17世紀に発見された微分積分

　微分積分は17世紀のイギリスの物理学者で数学者であるニュートンとドイツの哲学者で数学者であるライプニッツが，ほぼ同じ時期にそれぞれ独立に発見した。当時の微分積分論は現代流の厳格な微分積分学とは違い，グラフを使った直観的で理解しやすいものであった（本書もこの手法をとっている）。だからこそ，微分積分は多くの研究者に受け入れられ，純粋な数学だけでなく物理との関連性からも理解され，発展していったと考えられる。特に，微分積分を紹介し，それを使って物理的現象を解き明かした歴史的な著作本であるニュートンの『プリンキピア（自然哲学の数理的原理）』は，出版当時から爆発的な人気を得ていたようであり，物理的現象を微分積分という新しい手法で解明したことの社会的意義がうかがえる。

　科学の歴史書を読むと，17世紀までの科学は，数学，物理，化学や生物学等がなんとなく混ざり合いながら曖昧な状態で研究されていたかのように見える。しかし，その曖昧さを打破する大きなきっかけとなったものが，ニュートンとライプニッツの微分積分の発見だった。すなわち，物理やその他の科学の対象である諸々の現象を，微分積分で書かれた数式を用いて方程式をたて，それを解くという方法で扱うことができるようになったのである。

　ニュートンやライプニッツが提起した微分は，簡単にいえば「時間的に変化して起こるある現象の瞬間的な変化率のこと」を指す。そして，瞬間的な変化率が何であるかをつきとめて，数学モデルをつくり，それを解くことで研究対象である現象の正体に迫っていくというものである。

例えば，ガリレオが発見した落下の法則は，ニュートンの発見した重力と微積分で鮮やかに論理的に説明できた。

　当時，瞬間的な変化率とは"**時間ゼロでの変化率**"と説明されている。実際は，関数のグラフを描いて点の接線を描いてその傾きが瞬間的な変化率であると直観的に理解され，結論に問題はないからそれで良しとされた。そして，数学や物理に必要な微積分公式が数多く研究され導出された。しかし，時間ゼロでの変化など起こるのであろうかという疑問や批判は当然消えない。これが微積分を哲学的に考えた時の難しさである。実際に当時，微積分は怪しげな理論であるとして非難にさらされたことも少なくなかった。それでも微積分から得られる結論の正しさが，科学を大きく進歩させたことは疑う余地がない。17世紀の微積分に関する研究は，19世紀の極限という概念が正確に記述されるまで，曖昧な基礎的部分を残しながらも物理研究と一体となって飛躍的に発展し，いろいろな現象を解明していったのである。

　ライプニッツはニュートンと比較して，どちらかといえば純粋な数学的研究の方に精力を傾けていた。現在使われている微分の記号 $\frac{dy}{dx}$ や積分の記号 $\int f(x)\,dx$ はライプニッツの発明である。「**良い記号は理解を大いに助ける**」という信念がライプニッツにはあった。その言葉どおり，ライプニッツの微積分を支持する弟子達により微積分は大きく発展していった。

　ベルヌーイ一族はライプニッツの弟子であり数学者を多く輩出した歴史的な数学一族である。彼らの微積分を使った研究を挙げると以下のものがある。(1) 対数螺旋の研究，(2) 等速降下曲線の研究，(3) 最小抵抗物体の研究，(4) 懸垂線の研究，(5) 弾道の研究，(6) 火線の研究，

(7) 等周問題の研究，(8) 水力学の研究（ベルヌーイの法則），(9) 惑星の軌道面の傾きに関する確率的研究，等々。

そして，その後，ベルヌーイ一族の弟子である天才オイラーが登場する。

オイラーは年に平均 800 頁の論文を生涯に渡って書き続けた恐るべき研究者であった。生涯で出版した論文と著作物は 500 以上といわれている。オイラーの身近な功績は数学の記号にみられる。現在，我々が使用している三角関数の記号 $\sin x, \cos x, \tan x, \cot x, \sec x, \text{cosec} x$ や円周率 π，ネイピアの数 e，虚数単位 i や関数を表す $y = f(x)$ など，すべてオイラーが研究で使用した記号である。オイラーも微分積分に関しては，厳密さを追求せず，「微分記号 dx はゼロのようだがそれでも質的に異なる量を表す」と述べるにとどめ，応用に関する研究に突き進んでいった。オイラーの微分積分を使った解析学の研究は，当時フランスのアカデミー会員であったフランソワ・アラゴから"解析学の化身"と形容されるほど膨大であった。数学や物理の解析的研究の基礎となるオイラーの公式 $e^{ix} = \cos x + i \sin x$ はあまりにも有名であり，指数関数と三角関数が結びつく美しい公式である。物理学においても，弦振動の問題や流体力学の基礎方程式の体系化，剛体力学に関するオイラーの運動方程式等を微分積分の議論から提示し発展させた。

さて，微分積分学の基礎に関する厳密性については，19 世紀のフランスで超一流といわれたコーシーの研究から開花し始める。コーシーの研究は複素関数において微分積分を展開するものであった。しかし，複素関数は，その様子を実関数で扱うグラフのように目で見ることができないために，"瞬間的な変化率"という概念を言葉で正確に定義しないといけない状況にあった。コーシーは，瞬間的な変化率を，"時間ゼロでの変化率"ではなく"限りなくゼロに近い変化率"と考えた。その後，数学

の世界は「数学は図で説明するものではなく言葉だけで理解できるものでなくてはならない」という風潮が高まる中，ワイエルシュトラースという大数学者によって，"限りなく近い"というコーシーの概念を，イプシロン-デルタ (ε-δ) 論法で説明する方法が発見され，現代流の極限に関する厳密な定義が確定されていった．さらにリーマンは関数の面積を与える定積分の精密な定義を行い，微分の逆である従来の積分とリーマンの与えた積分の関係を証明することができたのである．このようにして微分積分の厳密的な理論体系はつくられてきたのである．

参考文献

(1) 『ボイヤー数学の歴史 4』(C.B. ボイヤー著，加賀美鐵雄・浦野由有訳)，朝倉書店，1988 年

(2) 『カッツ　数学の歴史』(ヴィクター・J. カッツ著，上野健爾・三浦伸夫監訳)，共立出版，2005 年

(3) 『数学を愛した人たち』(吉永良正著)，東京出版，2003 年

第1章　微分と積分の考え方

　微分と積分を正確に論じることは非常に重要なことである．しかし，ここでは，力学の初歩に必要な微分と積分の考え方をスピーディーに体得するために，以下のステップを駆け登る．
（ステップ1）微分係数がグラフの接線の傾きであることを理解する．
（ステップ2）多項式や簡単な分数関数を微分することができる．
（ステップ3）関数を積分するとは，微分するという操作の逆操作であることを理解する．
（ステップ4）微分方程式の基本的な考え方を理解する．

【微分積分を発見した哲学者】
ゴットフリート・ヴィルヘルム・ライプニッツ (Gottfried Wilhelm Leibniz, 1646–1716年)：ドイツの哲学者で数学者．微分積分法をニュートンとほぼ同時期にそれぞれ独立に発見した．微分積分で使われている記号 $\frac{dy}{dx}$ や $\int$ はライプニッツが考案した．また，微分法 "diffrential calculus" と積分法 "integral calculus" という言葉もライプニッツが用いた用語に由来する．

1.1 微分係数と接線の傾き

要点 1

> 【微分係数とは】
>
> 関数 $y = f(x)$ のグラフ上の点 $(a, f(a))$ で，ただ 1 つの接線を引くことができるとき，$y = f(x)$ は点 $x = a$ で**微分可能**であるという。そして，その接線の傾きを関数 $y = f(x)$ の点 $x = a$ における**微分係数**といい，
>
> $$f'(a) \quad \text{または} \quad y'(a)$$
>
> と書く。

解説

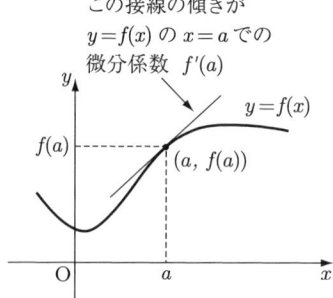
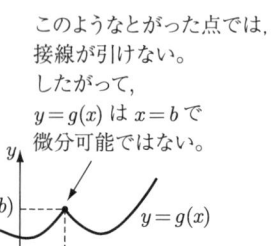

要点2

【lim を使った微分係数の計算方法】
関数 $y=f(x)$ の $x=a$ での微分係数を $f'(a)$ とすると，
$$\lim_{x \to a} \frac{f(x)-f(a)}{x-a} = f'(a)$$
が成り立つ。(注意：lim は "リミット" と読む。)

解説 まず，$\displaystyle\lim_{x \to a} \frac{f(x)-f(a)}{x-a}$ の意味を説明しよう。$x \to a$ は「x を a に限りなく近づけていく」という意味である。そして，$\displaystyle\lim_{x \to a} \frac{f(x)-f(a)}{x-a}$ は「$x \to a$ のとき $\dfrac{f(x)-f(a)}{x-a}$ はどうなるか？」を意味する式である。

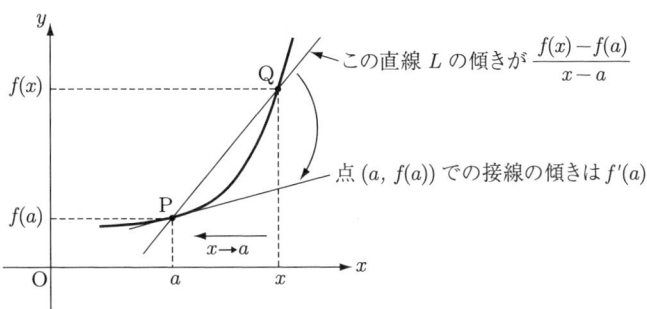

上の図から，点 P$(a, f(a))$ と点 Q$(x, f(x))$ を結んだ直線 L は，$x \to a$ のとき，次第に点 P の接線に近づいていく様子がわかる。これが，$\displaystyle\lim_{x \to a} \frac{f(x)-f(a)}{x-a} = f'(a)$ の意味である。

> 注意 【極限の性質】
> $\lim_{x \to 0} f(x) = l, \lim_{x \to 0} g(x) = m$ のとき，以下の基本性質がある。
> ① $\lim_{x \to 0} \{f(x) \pm g(x)\} = l \pm m$ （複号同順）
> ② $\lim_{x \to 0} \{cf(x)\} = cl$ （c は定数）
> ③ $\lim_{x \to 0} \{f(x)g(x)\} = lm$
> ④ $\lim_{x \to 0} \dfrac{f(x)}{g(x)} = \dfrac{l}{m}$ （ただし，$g(x) \neq 0, m \neq 0$）
> ⑤ $l = m$ で，つねに，$f(x) \leqq h(x) \leqq g(x)$ ならば，$\lim_{x \to a} h(x) = l$

性質①と②は**線形性**と呼ばれている性質で，性質⑤は，**はさみうちの原理**と呼ばれる。

例題 1

$y = x^2$ の $x = 2$ における微分係数 $f'(2)$ を求めよ。

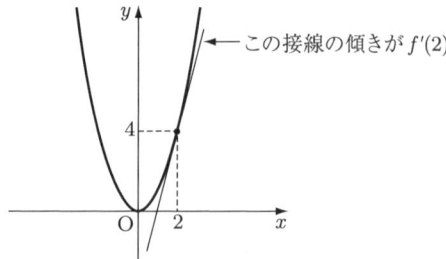

この接線の傾きが $f'(2)$

解答 要点2より，

$$f'(2) = \lim_{x \to 2} \frac{x^2 - 2^2}{x - 2} = \lim_{x \to 2} \frac{(x+2)(x-2)}{x - 2} = \lim_{x \to 2} (x + 2) = 4$$

例題 2

$y = \sqrt{x}$ の $x = 4$ における微分係数 $f'(4)$ を求め，点 $(4, 2)$ における接線の方程式を求めよ．

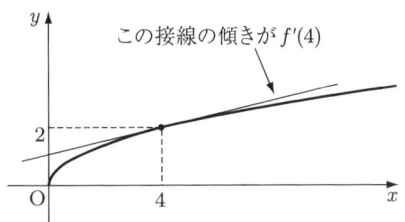

解答 要点 2 より，

$$f'(4) = \lim_{x \to 4} \frac{\sqrt{x} - 2}{x - 4} = \lim_{x \to 4} \frac{(\sqrt{x} - 2)(\sqrt{x} + 2)}{(x - 4)(\sqrt{x} + 2)} = \lim_{x \to 4} \frac{x - 4}{(x - 4)(\sqrt{x} + 2)}$$
$$= \lim_{x \to 4} \frac{1}{\sqrt{x} + 2} = \frac{1}{4}$$

である．点 $(4, 2)$ における接線については，その傾きが $f'(4) = \dfrac{1}{4}$ で，点 $(4, 2)$ を通ることから，

$$y - 2 = \frac{1}{4}(x - 4)$$

となり，これを整理して，$y = \dfrac{1}{4}x + 1$ を得る．

演習 1.1.1.

次の問いに答えよ．

(1) $y = x^3$ の $x = 2$ における微分係数 $f'(2)$ を求めよ．

(2) $y = \dfrac{1}{x}$ の $x = 2$ における微分係数 $f'(2)$ を求め，点 $\left(2, \dfrac{1}{2}\right)$ における接線の方程式を求めよ．

1.2 関数の導関数

要点 1

【区間 I で微分可能】
　関数 $y = f(x)$ が区間 I の各点で微分可能であるとき，$y = f(x)$ は区間 I で微分可能であるという。

解説　本書では，考えている区間 I で微分可能でない関数 $f(x)$ を議論するつもりはない。したがって，今後，微分を扱う関数については，つねに，考えている区間 I では微分可能であるものとする。

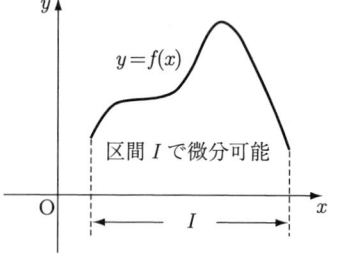
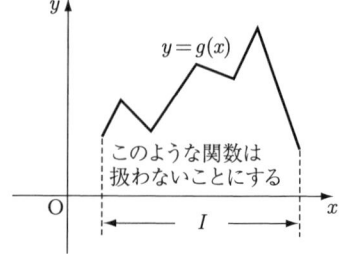

要点 2

【導関数】

区間 I の各点 x に対して,その点における $y = f(x)$ の微分係数を対応させる関数を $y = f(x)$ の**導関数**といって,

$$y',\quad f'(x),\quad f',\quad \frac{dy}{dx},\quad \frac{d}{dx}f(x)$$

などと表す。すなわち,

$$f'(x) = \lim_{\Delta x \to 0} \frac{f(x + \Delta x) - f(x)}{\Delta x}$$

さらに,$y = f(x)$ の導関数を求めることを,$y = f(x)$ を**微分する**という。

解説 導関数とは,簡単にいえば,その関数に x の値 $x = a$ を代入すると,$x = a$ の微分係数が得られる関数のことである。

また,Δx は"デルタ x"と読み,一つの文字であり,x の**増分**と呼ばれる。決して Δ と x の積 $\Delta \times x$ を意味するものではないことを十分注意してほしい。

要点 3

【微分】

Δx を x の増分,dy を y の**微分**とし,$\Delta y = f(a + \Delta x) - f(a)$,$dy = f'(a)\Delta x$ とする。Δx が極小であるならば,y の増分 Δy と y の微分 dy の間には $\Delta y \fallingdotseq dy$ なる近似が成り立つ。

解説 増分 Δx とは，次の図で示す x の小さな範囲のことである．これに対して，Δy は，増分 Δx に対する y の増分と呼ばれる．図では，Δy は $f(a+\Delta x) - f(a)$ のことである．

微分 dy は，"ディー y" と読む．dy は，点 $(a, f(a))$ における接線の傾きの Δx に対する量であり，増分 Δx に対する y の微分と呼ばれる．

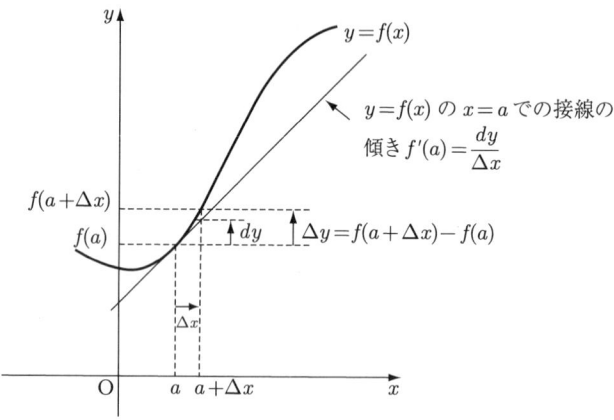

この図からもわかるように，接線の傾きに関して

$$\frac{dy}{\Delta x} = f'(a)$$

すなわち，

$$dy = f'(a)\Delta x \tag{1.1}$$

が成り立つ．特に $(x)' = 1$ であるので $dx = \Delta x$ であり，式 (1.1) は

$$dy = f'(a)dx \tag{1.2}$$

となる．$f'(a)$ は微分 dx の係数になっていることから，$f'(a)$ を $x = a$ の微分係数と呼んだのである．

Δy と dy の近似について説明しよう。$\Delta y - dy = \varepsilon$ とおく。そして，$\Delta x (= dx)$ が非常に小さな値，すなわち限りなく 0 に近い値をとるならば，ε も限りなく 0 に近い値をとる。つまり，Δx が限りなく 0 に近いとき，p. 12 の図からもわかるように Δy と dy はほぼ同じ値をとるといえるのである。

例題 1

関数 $y = x^2$ と $y = x^3$ の導関数を求めよ。

解答 要点 2 より

$(x^2)' = \lim_{\Delta x \to 0} \dfrac{(x+\Delta x)^2 - x^2}{\Delta x} = \lim_{\Delta x \to 0} \dfrac{2x\Delta x + \Delta x^2}{\Delta x} = \lim_{\Delta x \to 0} (2x + \Delta x) = 2x$

$(x^3)' = \lim_{\Delta x \to 0} \dfrac{(x+\Delta x)^3 - x^3}{\Delta x}$

$= \lim_{\Delta x \to 0} \dfrac{3x^2\Delta x + 3x(\Delta x)^2 + (\Delta x)^3}{\Delta x} = \lim_{\Delta x \to 0} (3x^2 + 3x\Delta x + (\Delta x)^2) = 3x^2$

以上より，$(x^2)' = 2x, (x^3)' = 3x^2$ である。

例題 2

関数 $y = \sqrt{x}$ の導関数を求めよ。

解答 要点 2 より

$(\sqrt{x})' = \lim_{\Delta x \to 0} \dfrac{\sqrt{x+\Delta x} - \sqrt{x}}{\Delta x} = \lim_{\Delta x \to 0} \dfrac{(\sqrt{x+\Delta x} - \sqrt{x})(\sqrt{x+\Delta x} + \sqrt{x})}{\Delta x(\sqrt{x+\Delta x} + \sqrt{x})}$

$= \lim_{\Delta x \to 0} \dfrac{1}{\sqrt{x+\Delta x} + \sqrt{x}} = \dfrac{1}{2\sqrt{x}}$

例題1と例題2をより一般的に考えると、以下の重要な微分公式が得られる。

要点 4

【x^α の微分公式】

α を実数とすれば、$(x^\alpha)' = \alpha x^{\alpha-1}$

例題 3

$\sqrt{1.005}$ の近似値を微分を使って求めよ。

解答 $f(x) = \sqrt{x}$ とすると、$\dfrac{dy}{dx} = \dfrac{1}{2\sqrt{x}}$ であるので、$dy = \dfrac{1}{2\sqrt{x}}dx$ である。$\sqrt{1.005}$ を $\sqrt{1+0.005}$ と考え、$x=1, \Delta x = dx = 0.005$ とすると、$\Delta y = \sqrt{x+\Delta x} - \sqrt{x} = \sqrt{1.005} - 1$ であり、$dy = \dfrac{1}{2} \times 0.005 = 0.0025$ である。$\Delta y \fallingdotseq dy$ より

$$\sqrt{1.005} - 1 \fallingdotseq 0.0025$$

より、$\sqrt{1.005} \fallingdotseq 1.0025$ である。実際、$1.0025^2 = 1.00500625$ である。

演習 1.2.1.

関数 $y = \dfrac{1}{x}$ の導関数を定義にしたがって(極限操作から)求め、x^α の微分公式と比較せよ。

演習 1.2.2.

次の関数の導関数を公式を使って求めよ。

(1) $y = 3$ (2) $y = x^5$ (3) $y = x^7$
(4) $y = \dfrac{1}{x}$ (5) $y = \dfrac{1}{x^3}$ (6) $y = \dfrac{1}{x^5}$

演習 1.2.3.
$\sqrt[3]{1.0006}$ の近似値を微分を使って求めよ。

1.3 導関数の線形性

要点

【導関数の線形性】
微分可能な関数 f, g に関して，以下の①，②が成り立つ。
① $(f \pm g)' = f' \pm g'$ （複号同順）
② $(cf)' = cf'$ （c は定数）

解説　①が成り立つことを見てみよう。

$$\begin{aligned}
(f \pm g)' &= \lim_{\Delta x \to 0} \frac{\{f(x+\Delta x) \pm g(x+\Delta x)\} \pm \{f(x) \pm g(x)\}}{\Delta x} \\
&= \lim_{\Delta x \to 0} \frac{\{f(x+\Delta x) - f(x)\} \pm \{g(x+\Delta x) - g(x)\}}{\Delta x} \\
&= \lim_{\Delta x \to 0} \frac{f(x+\Delta x) - f(x)}{\Delta x} \pm \lim_{\Delta x \to 0} \frac{g(x+\Delta x) - g(x)}{\Delta x} \\
&= f' \pm g'
\end{aligned}$$

②も同様にして成り立つことがわかる。

①と②は**線形性**と呼ばれている性質である。

例題

次の関数を微分せよ。
(1) $y = x^3 + 2x - 5$　　(2) $y = 3x + \dfrac{2}{x}$　　(3) $y = (2x+3)^2$

解答 (1) $y' = (x^3 + 2x - 5)' = (x^3)' + (2x)' - (5)' = 3x^2 + 2$
(2) $y' = \left(3x + \dfrac{2}{x}\right)' = (3x)' + \left(\dfrac{2}{x}\right)' = 3 - \dfrac{2}{x^2}$
(3) $y' = ((2x+3)^2)' = (4x^2 + 12x + 9)' = (4x^2)' + (12x)' + (9)' = 8x + 12$

演習 **1.3.1.**

次の関数を微分せよ。
(1) $y = x^5 - x^2 + x + 1$ (2) $y = x^2 + \dfrac{1}{x^2}$ (3) $y = (3x-1)^2$

1.4 不定積分の考え方

> 【不定積分とは】
> 　関数 $f(x)$ に対して，$F'(x) = f(x)$ となる $F(x)$ を $f(x)$ の**不定積分**という。$F(x)$ が $f(x)$ の不定積分であることを記号で，
> $$F(x) = \int f(x)dx$$
> と書く。記号 $\int$ を**インテグラル**と呼ぶ。$f(x)$ に対して不定積分 $F(x)$ を求めることを，$f(x)$ を**積分する**という。

解説 簡単にいえば，不定積分を求めることは微分の逆操作を行うことである。したがって，x^2 の微分が $2x$ であったので，$2x$ の積分 $\int (2x)dx$ は，x^2 になると考えられる。しかし，C を定数として $x^2 + C$ を微分して

も $(x^2+C)' = 2x$ となるのであるから，$\int (2x)dx = x^2 + C$ である。C は 0 であってもそれ以外の数であっても何でもよい。C を **積分定数** という。

次の図を見てもわかるように，x^2 を微分して導関数を求めると，$y = x^2$ のグラフの $x = a$ の接線の傾きは $2a$ になるが，$y = x^2$ のグラフが y 方向に C だけ平行移動した $y = x^2 + C$ の $x = a$ での接線の傾きも，C がどんな値だろうと $2a$ となる。これが積分定数 C の図形的な意味である。

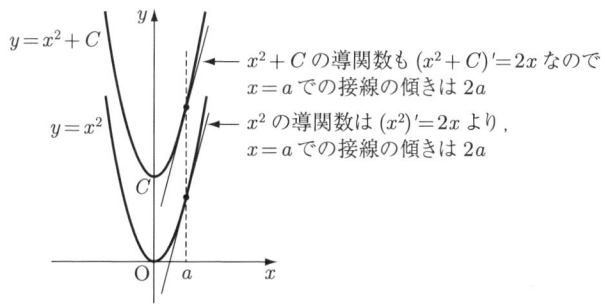

注意 【不定積分の存在性】

$f(x)$ に対して $F'(x) = f(x)$ となる関数 $F(x)$ の存在性はどうなっているのであろうか。実は，$f(x)$ が **連続関数** であれば，必ず不定積分 $F(x)$ が存在することがわかっている。連続関数とは，直観的には，そのグラフがどの点でも途切れることなく繋がっているものである。このとき，不定積分 $F(x)$ が存在するならば，$f(x)$ は **積分可能** であるという。本書で扱う関数はたいてい連続関数であるので，今後，積分を扱う関数については，連続関数，すなわち積分可能な関数とする。

要点 2

【不定積分の基本公式】
① $\int x^\alpha dx = \dfrac{1}{\alpha+1} x^{\alpha+1} + C \quad (\alpha \neq -1)$
② $\int a f(x) dx = a \int f(x) dx \quad$ (a は定数)
③ $\int \{f(x) \pm g(x)\} \, dx = \int f(x) \, dx \pm \int g(x) \, dx \quad$ (複号同順)

解説 積分するときに積分定数 C が必要なことがわかったので,$f(x) = 1, f(x) = x, f(x) = x^2$ の積分を行ってみると以下のようになる。

$$\int 1 dx = x + C, \quad \int x dx = \frac{1}{2}x^2 + C, \quad \int x^2 dx = \frac{1}{3}x^3 + C$$

これらの計算から,n が自然数であるとき,x^n に関する積分の計算規則がみえてくる。すなわち,$\int x^n dx$ を求めるには,x^{n+1} とし,その後それに,$\dfrac{1}{n+1}$ を掛ければよい。すなわち,$\int x^n dx = \dfrac{1}{n+1} x^{n+1} + C$ となるのである。一般に微分公式 $\left(\dfrac{1}{\alpha+1} x^{\alpha+1} + C\right)' = x^\alpha$ から公式①が正しいことはわかる。

公式②と③については,微分の線形性から得られる。

例題

次の不定積分を求めよ。
(1) $\displaystyle\int x^2 dx$ (2) $\displaystyle\int \frac{1}{x^2} dx$ (3) $\displaystyle\int dy$ (4) $\displaystyle\int s\,ds$
(5) $\displaystyle\int (x^2 + x + 1)\,dx$ (6) $\displaystyle\int \left(3t^3 - \frac{1}{t^3}\right) dt$

解答 問題を解くときに不定積分に付いている微分記号に十分注意しなくてはいけない。つまり，dx が付いていたら求める関数は x で，ds が付いていたら求める関数は s で答える必要がある。

(1) $\displaystyle\int x^2 dx = \frac{1}{3}x^3 + C$ (2) $\displaystyle\int \frac{1}{x^2} dx = -\frac{1}{x} + C$

(3) $\displaystyle\int dy = y + C$ (4) $\displaystyle\int s\,ds = \frac{1}{2}s^2 + C$

(5) $\displaystyle\int (x^2 + x + 1)\,dx = \int x^2 dx + \int x\,dx + \int dx = \frac{1}{3}x^3 + \frac{1}{2}x^2 + x + C$

(6) $\displaystyle\int \left(3t^3 - \frac{1}{t^3}\right) dt = \int 3t^3 dt - \int \frac{1}{t^3} dt = \frac{3}{4}t^4 + \frac{1}{2t^2} + C$

演習 1.4.1.

次の不定積分を求めよ。

(1) $\displaystyle\int (2x^2)\,dx$ (2) $\displaystyle\int (-3x^3)\,dx$ (3) $\displaystyle\int (3y)\,dy$
(4) $\displaystyle\int \frac{1}{s^4} ds$ (5) $\displaystyle\int \left(\frac{1}{3}x^3 + 2x^2 + x\right) dx$
(6) $\displaystyle\int \left(\frac{1}{2}t^2 + \frac{2}{t^5}\right) dt$

1.5 簡単な微分方程式

要点 1

> 【簡単な微分方程式の一般解】
> 微分方程式 $\dfrac{dy}{dx} = f(x)$ の一般解は,
> $$y = \int f(x)dx$$
> である。

解説 微分方程式 $\dfrac{dy}{dx} = f(x)$ の意味を説明しよう。左辺の $\dfrac{dy}{dx}$ は関数 y を微分しなさいという意味であり，それが，$f(x)$ に等しいということである。微分方程式を解くとは，この方程式を満たす関数 $y = F(x)$ を見つけなさいということである。$y = F(x)$ を一般解という。つまり，微分方程式の一般解は，$F'(x) = f(x)$ となる $f(x)$ を見つけよ，$f(x)$ の不定積分を求めよ，ということになる。しかし，もう少し進んだ微分方程式を扱う場合に備えて，形式的に次のように微分の形に変形して考えていく方がよい。

$$\frac{dy}{dx} = f(x) \Longrightarrow dy = f(x)dx \Longrightarrow \int dy = \int f(x)dx \Longrightarrow y = \int f(x)dx$$

微分方程式はこのような簡単なものばかりではないが，式の中に必ずなんらかの形で微分 dx や dy などが使われる。

要点2

【特殊解】

$$\frac{dy}{dx} = f(x), \quad （初期条件：x = 0, y = 1）$$

これは微分方程式 $\frac{dy}{dx} = f(x)$ を，得られた一般解の中から，特に初期条件：$x = 0, y = 1$ をみたすものを決定せよという意味を持つ式であり，この決定された解を，**特殊解**と呼ぶ。

例題 1

$\frac{dy}{dx} = x$ の一般解を求めよ。

解答 $dy = xdx$ より $\int dy = \int xdx$ とあり，左辺は y で右辺は x でそれぞれ積分すれば $y + C_1 = \frac{1}{2}x^2 + C_2$ （C_1, C_2 は任意定数）となる。ここで $C = C_2 - C_1$ とすれば，$y = \frac{1}{2}x^2 + C$ が一般解である。

以後，$\int dy = \int xdx$ から，C_1, C_2 は省略して，いきなり，一般解 $y = \frac{1}{2}x^2 + C$ （C は任意定数）となることに慣れていこう。

例題 2

$\frac{dx}{dt} = -\frac{2}{t^3}$ の一般解を求めよ。

解答 $\int dx = \int \left(-\frac{2}{t^3}\right) dt \Longrightarrow x = \frac{1}{t^2} + C$ （C は任意定数）

例題 3

$\dfrac{dy}{dx} = x$,（初期条件：$x=0, y=1$）を解け。

解答 $\dfrac{dy}{dx} = x$ を解くと，$y = \dfrac{1}{2}x^2 + C$（C は任意定数）となる。これに，初期条件：$x=0, y=1$ を代入すると，$1 = \dfrac{1}{2} \times 0^2 + C$ となるので，これより $C = 1$ を得る。よって，解は $y = \dfrac{1}{2}x^2 + 1$ である。

演習 1.5.1.

以下の微分方程式を解け。

(1) $\dfrac{dy}{dx} = x^2$ （初期条件：$x=0, y=1$）

(2) $\dfrac{dy}{dx} = -3x^4$ （初期条件：$x=1, y=-2$）

(3) $\dfrac{dx}{dt} = \dfrac{2}{t^5}$ （初期条件：$t=1, x=-3$）

1.6 第 1 章のポイントを振り返る

第 1 章の内容のポイントを問題形式で振り返ろう。

問題 1. 関数 $y = f(x)$ の $x = a$ における微分係数 $f'(a)$ とはどういう概念であったか，$y = f(x)$ のグラフで説明してみよう。その際，次の (1), (2), (3) にも注意してみよう。

(1) $x=a$ における微分係数が $f'(a)=0$ であった。$y=f(x)$ の $x=a$ 付近のグラフの状況はどのようになっているといえるか。

(2) $x=b$ における微分係数が $f'(b)>0$ であった。$y=f(x)$ の $x=b$ 付近のグラフの状況はどのようになっているといえるか。

(3) $x=c$ における微分係数が $f'(c)<0$ であった。$y=f(x)$ の $x=c$ 付近のグラフの状況はどのようになっているといえるか。

問題 2. 関数 $y=f(x)$ の $x=a$ における x の微分 dx と，dx に対する y の微分 dy について，$y=f(x)$ のグラフを用いて説明してみよう。さらに，次の (1), (2) にも注意しよう。

(1) 関数の簡単な近似方法を思い出そう。たとえば $y=\sqrt{4.05}$ などは $y=2$ からどのように近似できるか。

(2) 関数 $y=f(x)$ のグラフ上の点 $(a, f(a))$ における接線の方程式は，どのようになるか微分の式と比較して考えてみよう。

問題 3. 関数 $y=f(x)$ の不定積分とはどういうものか説明してみよう。その際，積分定数 C の意味についてもグラフを使って視覚的に説明しよう。

問題 4. $y=x^{\frac{a}{b}}$ というタイプの関数の微分公式を思い出そう。

問題 5. 微分方程式 $\dfrac{dy}{dx}=f(x)$ の解き方を思い出そう。その際，初期条件とはどういう役割を果たすものかを説明しよう。

第2章　物体の運動と微分積分

　物理を学習するとき，物体の運動は運動の法則から得られる公式を仮想実験などを通して理解することからスタートする場合が多い。しかし，運動の理解も微分積分の理解があれば，公式の意味はより深まる。

　この章では，特に移動距離の瞬間的な変化率である速度，速度の瞬間的な変化率である加速度を，時間 t に関する微分方程式と考え，その微分方程式を解くことで，運動の様子をイメージしていく。

【天文学の父】
ガリレオ・ガリレイ（Galileo Galilei, 1564–1642 年）：イタリアの物理学者，天文学者，哲学者である。天文学において木星の 3 つの衛星を発見したことはあまりにも有名である。物理学においては，物体の落下速度は，落下する物体の質量に依存しないこと，落下距離は落下時間の 2 乗に比例するという法則を発見した。また，振り子の等時性も発見した。

2.1 速度と加速度

要点 1

【質点】

　力学において，**質点**とは，理想化された点状の物体を意味し，質量だけあって大きさがなく，位置だけを示すものとして使われる。以下，大きさを持った物体もその重心を質点と考え，重心の動きだけを考えることにする。

要点 2

【速度と加速度の定義】

　x 方向に運動している質点 P の時間 t における位置を $x(t)$ とする。このとき，P の**速度** $v(t)$ とは，$x(t)$ の瞬間変化率のこと，すなわち，

$$v = \frac{dx}{dt} \tag{2.1}$$

である。また，P の**加速度** $a(t)$ とは，$v(t)$ の瞬間変化率のこと，すなわち，

$$a = \frac{dv}{dt} \tag{2.2}$$

である。

> **注意 【等加速度運動の物理公式】**
>
> 等加速度運動の物理公式は，式 (2.1) と (2.2) を時間 t に関する微分方程式と考え，それを解くことで以下の公式にまとめられている。
> ① $\quad v = v_0 + at \quad$ （ただし v_0 は $t = 0$ における速度）
> ② $\quad x = v_0 t + \dfrac{1}{2}at^2 + x_0 \quad$ （ただし x_0 は $t = 0$ における位置）
> しかし，この章では，上の公式を使わずに，微分方程式をたて，それを解いて解答する訓練を重視する。

例題

直線の道路を速さ 10 m/(sec) で進んでいる自動車が，一定の加速度 a で加速して，5.0 秒後に 20 m/(sec) の速さになった。
(1) 加速度 a の定義式を時間 t に関する微分方程式と考え，初期条件をつけた形で書け。
(2) (1) で得られた微分方程式を解いて，速度 $v(t)$ を a と t の式で表せ。
(3) 加速度の大きさは何 m/(sec)^2 か。
(4) 5.0 秒間に進んだ距離は何 m か。

解答 (1) 式 (2.2) より，微分方程式

$$\frac{dv}{dt} = a \quad （初期条件：t = 0, v = 10） \tag{2.3}$$

を得る。

(2) (1) で得られた微分方程式の一般解は，$v = \int adt = at + C$（C は任意定数）である。$t = 0$ のとき，$v = 10$ であるので，これを一般解に代入して，$C = 10$ が得られる。したがって，$v = at + 10$ を得る。

(3) $t = 5.0$ のとき $v = 20$ であるので，(1) で得られた式 $v = at + 10$ に代入して，$a = 2.0 \text{ m/(sec)}^2$ を得る。

(4) $v = 2t + 10$ と式 (2.1) より，微分方程式

$$\frac{dx}{dt} = 2t + 10 \quad (初期条件：t = 0, x = 0) \tag{2.4}$$

を得る。まず，一般解は，$x = \int (2t + 10) dt = t^2 + 10t + C$（$C$ は任意定数）である。$t = 0$ のとき，$x = 0$ なので，これを一般解に代入して，$C = 0$ が得られる。したがって，$x = t^2 + 10t$ を得る。$t = 5$ を代入すると，$x = (5.0)^2 + 10 \times (5.0) = 75 \text{ m}$ を得る。

演習 2.1.1.

直線の道路を速さ 20 m/(sec) で進んでいる自動車が，一定の加速度で減速して，10 秒後に 8.0 m/(sec) の速さになった。

(1) 加速度 a の定義式を時間 t に関する微分方程式と考え，初期条件をつけた形で書け。
(2) (1) で得られた微分方程式を解いて，速度 $v(t)$ を a と t の式で表せ。
(3) 加速度の大きさは何 m/(sec)^2 か。
(4) 減速している間に進んだ距離は何 m か。

演習 2.1.2.

一定の加速度 a で運動している質点について，次の物理公式を証明せよ。

(1) $v = v_0 + at$ (ただし v_0 は $t = 0$ における速度)
(2) $x = v_0 t + \dfrac{1}{2} at^2 + x_0$ (ただし x_0 は $t = 0$ における位置)
(3) $v^2 - v_0^2 = 2a(x - x_0)$

2.2 自由落下

要点 1

【重力加速度】

地上のある地点で，物体を手から静かに離すと，物体は下向き（鉛直方向）に落下する。このとき，『物体は，質量によらず一定の加速度（重力加速度）で加速されながら落下する』。重力加速度は $9.8 \text{ m}/(\text{sec})^2$ という定数として扱うことが多く，g という記号がよく使われる。つまり，$g = 9.8 \text{ m}/(\text{sec})^2$ である。

要点 2

【自由落下運動】

地上から $y(0) = y_0$ の地点で，物体を手から静かに離すとき，時間 t 後の物体の高さ $y(t)$，速度 $v(t)$，加速度 $g\ (= 9.8 \text{ m}/(\text{sec})^2)$ に関する微分方程式は，

$$\frac{dy}{dt} = v \tag{2.5}$$

$$\frac{dv}{dt} = -g \tag{2.6}$$

である。

以下，話を簡単にするために，物体は質点と考え，物体の運動には空気抵抗を考えず，一定の重力加速度 g だけが働いているものとして，ある物体の自由落下運動を問題形式で考えていく。

自由落下運動における物理公式は，自由落下に関する微分方程式 (2.5) と (2.6) を解くことで，以下のとおりにまとめられている。

$$① \quad v(t) = -gt, \qquad ② \quad y(t) = -\frac{1}{2}gt^2 + y_0$$

しかし，ここでも，上の公式を使わずに，問題文から微分方程式をたて，それを解いて解答する訓練を行っていこう。

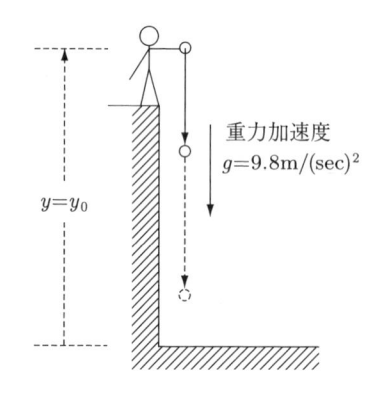

例題 1

地上 10 m の高さの所から，ある物体を静かに落とす。$v(t)$ と g に関する初期条件つき微分方程式を書け。

解答 ある物体を静かに落とすことは，$t=0$ のとき $v=0$ を意味する。題意は，下向き（負の向き）に働く一定の重力加速度 $g \, (= 9.8 \text{ m}/(\text{sec})^2)$

から速度を求めることであるから，微分方程式

$$\frac{dv}{dt} = -g \quad (初期条件：t=0, v=0) \tag{2.7}$$

を得る。

例題 2

例題1で得られた微分方程式を解け。

解答 微分方程式 (2.7) を，g が定数であることに注意して解くと，

$$dv = -g dt \quad \Rightarrow \quad \int dv = -\int g dt \quad \Rightarrow \quad v = -gt + C$$

となる。得られた式に初期条件：$t=0, v=0$ を代入して，$0 = -g \times 0 + C$ より，$C=0$ である。したがって，$v = -gt$ である。

例題 3

例題2で得られた微分方程式の解を使って，落下距離 y と g に関する運動方程式をたてよ。

解答 地上を $y=0$ とすると，運動が始まる地点は $y=10$ であるので，初期条件は $t=0$ のとき $y=10$ である。また，例題2から得られた解 $v=-gt$ と v の定義 $\dfrac{dy}{dt}=v$ より，微分方程式

$$\frac{dy}{dt} = -gt \quad (初期条件：t=0, y=10) \tag{2.8}$$

が得られる。

例題 4

例題3で得られた微分方程式を解け。

解答 微分方程式 (2.8) を，やはり g が定数であることに注意して解くと，

$$dy = -gtdt \quad \Rightarrow \quad \int dy = -\int gtdt \quad \Rightarrow \quad y = -\frac{g}{2}t^2 + C$$

となる．得られた式に初期条件：$t=0, y=10$ を代入して，$10 = -\frac{g}{2}\times 0 + C$ より，$C = 10$ である．したがって，$y = -\frac{g}{2}t^2 + 10$ である．

例題 5

例題 4 で得られた y の式を使って，地上に到着するまでの時間を求めよ．

解答 例題 4 から，$y = -\frac{g}{2}t^2 + 10$ であり，地上は $y = 0$ なので，これを代入して計算すると，$0 = -\frac{g}{2}t^2 + 10 \Rightarrow t = \sqrt{10 \times \frac{2}{g}}$ である．これはおおよそ 1.4 秒である．

例題 6

例題 5 で得られた落下時間を使って，地上に到着する直前の速度を求めよ．

解答 例題 5 から $t = \sqrt{10 \times \frac{2}{g}}$ であり，例題 2 より $v = -gt$ がわかっているので，$v = -g \times \sqrt{10 \times \frac{2}{g}}$ であり，おおよそ -14 m/(sec) である．符号が負（マイナス）なのは，運動が下向きであることを意味している．

2.2. 自由落下   33

演習 2.2.1.

地上 50 m の高さから，ある物体を静かに落とす．以下の問いに答えよ．

(1) $v(t)$ と g に関する初期条件つき微分方程式をたてよ．

(2) (1) で得られた微分方程式を解け．

(3) (2) で得られた微分方程式の解を使って，落下位置 y と g に関する運動方程式をたてよ．

(4) (3) で得られた微分方程式を解け．

(5) (4) で得られた y の式を使って，地上に到着するまでの時間を求めよ．

(6) (5) で得られた落下時間を使って，地上に到着する直前の速度を求めよ．

演習 2.2.2.

地上 y_0 の高さの地点から，ある物体を静かに落とす．次の物理公式を証明せよ．

(1) $v(t) = -gt$
(2) $y(t) = -\dfrac{1}{2}gt^2 + y_0$

2.3 鉛直投げ

要点

【鉛直投げ】

地上から，時刻 $t=0$ にボールを初速度 v_0 で真上に投げるとき，速度 v と重力加速度 g に関する物体の初期条件つき微分方程式は，

$$\frac{dv}{dt} = -g\ (= 9.8\ \mathrm{m/(sec)}^2) \quad (初期条件：t=0,\ v=v_0) \tag{2.9}$$

である。

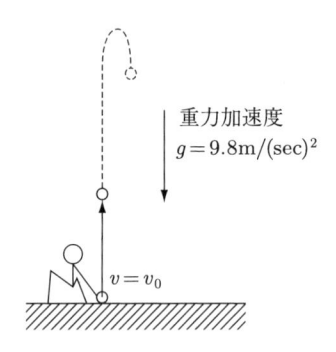

解説 鉛直投げに関する微分方程式は，自由落下に関する微分方程式 (2.5) の v に関する初期条件を変更するだけである。すなわち，$v(0)$ の値が 0 ではなく正の定数 v_0 となる。したがって，自由落下と同じように 2 つの微分方程式 (2.9) と (2.5) から，

$$①\quad v(t) = -gt + v_0, \qquad ②\quad y(t) = -\frac{1}{2}gt^2 + v_0 t$$

が得られる。しかし，このセクションでもあえて，上の公式を使わずに，微分方程式をたて，それを解いて解答する訓練を重視しよう。

2.3. 鉛直投げ

例題 1

地上から $t=0$ にボールを初速度 25 m/(sec) で真上に投げる。$v(t)$ と g に関する初期条件つき微分方程式をたてよ。

解答 まず，上向きを正とする。初期条件は $t=0$ のとき $v=25$ で，重力加速度 $g\,(=9.8$ m/(sec)^2) は下向きに働いていることに注意して，g と v の微分方程式

$$\frac{dv}{dt} = -g \quad \text{（初期条件：} t=0, v=25\text{）} \tag{2.10}$$

を得る。

例題 2

例題1で得られた微分方程式を解け。

解答 微分方程式 (2.10) を，g が定数であることに注意して解くと，

$$dv = gdt \quad \Rightarrow \quad \int dv = \int gdt \quad \Rightarrow \quad v = -gt + C$$

となる。得られた式に初期条件：$t=0, v=25$ を代入して，$25 = -g \times 0 + C$ より，$C=25$ である。したがって，$v = -gt + 25$ である。

例題 3

例題2で得られた微分方程式の解を使って，ボールの到達地点の高さ y と g に関する微分方程式をたてよ。

解答 投げ始める地点を $y=0$ とすると，初期条件は $t=0$ のとき $y=0$ である。また，例題2から得られた解 $v = -gt + 25$ と v の定義 $\dfrac{dy}{dt} = v$

より,微分方程式

$$\frac{dy}{dt} = -gt + 25 \quad (初期条件:t=0, y=0) \tag{2.11}$$

が得られる。

例題 4

例題 3 で得られた微分方程式を解け。

解答 微分方程式 (2.11) を,やはり g が定数であることに注意して解くと,

$$dy = (-gt+25)dt \quad \Rightarrow \quad \int dy = \int (-gt+25)dt \quad \Rightarrow \quad y = -\frac{g}{2}t^2 + 25t + C$$

となる。得られた式に初期条件:$t=0, y=0$ を代入して,$0 = -\frac{g}{2} \times 0 + 25 \times 0 + C$ より,$C=0$ である。したがって,$y = -\frac{g}{2}t^2 + 25t$ である。

例題 5

例題 2 で得られた v の式を使って,投げられたボールが最高地点に到着するまでの時間を求めよ。

解答 投げられたボールが最高地点に到着したときの速度は $v=0$ であり,例題 2 から得られた式 $v = -gt + 25$ に代入して,$t = \dfrac{25}{g}$ を得るので,おおよそ 2.6 秒である。

例題 6

例題 5 で得られた最高地点の到着時間を使って,最高地点の高さを求めよ。

2.3. 鉛直投げ

解答 例題5から $t = \dfrac{25}{g}$ であり，例題4より $y = -\dfrac{g}{2}t^2 + 25t$ がわかっているので，$y = -\dfrac{g}{2} \times \left(\dfrac{25}{g}\right)^2 + 25 \times \dfrac{25}{g} = \dfrac{25^2}{2g}$ で，おおよそ 32 m となる。

演習 2.3.1.

地上から $t = 0$ にボールを初速度 10 m/(sec) で真上に投げる。以下の問いに答えよ。

(1) $v(t)$ と g に関する初期条件つき微分方程式をたてよ。

(2) (1) で得られた微分方程式を解け。

(3) (2) で得られた微分方程式の解を使って，物体の到達地点の高さ y と g に関する微分方程式をたてよ。

(4) (3) で得られた微分方程式を解け。

(5) (2) で得られた v の式を使って，投げられた物体が最高地点に到着するまでの時間を求めよ。

(6) (5) で得られた最高地点の到着時間を使って，最高地点の高さを求めよ。

演習 2.3.2.

地上から $t = 0$ にボールを，初速度 v_0 で真上に投げる。次の物理公式を証明せよ。

(1) $v(t) = -gt + v_0$

(2) $y(t) = -\dfrac{1}{2}gt^2 + v_0 t$

(3) 最高地点の到着時間は $t = \dfrac{v_0}{g}$

(4) 最高地点の高さは $y = \dfrac{v_0^2}{2g}$

2.4 水平投射

🖉 要点

【水平投射】

水平投射を数学的に考えるための物理的な 2 つのルールがある。それは，放物運動をしているボールは，

① 水平方向（x 軸方向）には，初速 v_0 の状態のまま等速運動（加速度 0 の運動）を行う，

② 鉛直方向（y 軸方向）には，初速 0 の自由落下運動を行う，

である。

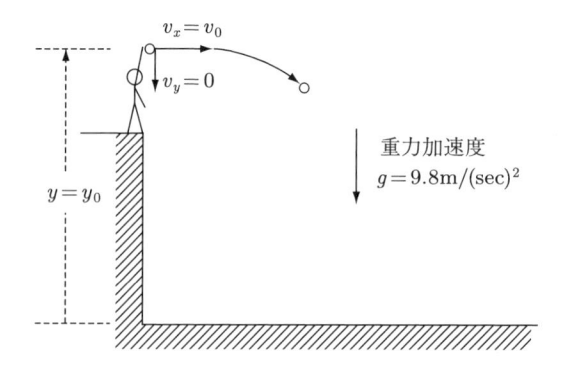

解説 高さ $y = y_0$ の地点から，初速度 v_0 で水平投射をしたボールの速度を，上のルールを使って考慮すると，x 方向と y 方向のボールの速度

v_x と v_y に関する微分方程式は，

$$\frac{dv_x}{dt} = 0 \quad \text{(初期条件：} t = 0, v_x = v_t\text{)}$$

$$\frac{dv_y}{dt} = -g \quad \text{(初期条件：} t = 0, v_y = 0\text{)}$$

である。これを解いて，

$$v_x = v_0 \tag{2.12}$$

$$v_y = -gt \tag{2.13}$$

を得る。したがって時間 t 秒後のボールの位置 (x, y) を知るためには，式 (2.12) と (2.13) から，位置 x と y に関する以下の微分方程式をそれぞれたて，それを解けばよい。

$$\frac{dx}{dt} = v_0 \quad \text{(初期条件：} t = 0, x = 0\text{)} \tag{2.14}$$

$$\frac{dy}{dt} = -gt \quad \text{(初期条件：} t = 0, y = h\text{)} \tag{2.15}$$

以下の例題では式 (2.12), (2.13) から出発し，微分方程式 (2.14), (2.15) を扱っていく。

例題 1

高さ 20 m の地点から，初速度 $v_0 = 10$ m/(sec) で水平投射したボールの速度 $v(t)$ を，x 方向の速度 v_x と，y 方向の速度 v_y とに分けて，それぞれ表せ。

解答 $v_x = 10$, $v_y = -gt$ である。

例題 2

初速度 $v_0 = 10$ m/(sec) で水平投射したボールの時間 t 秒後の位置 (x, y) を求めよ。

解答 例題 1 より,$v_x = 10, v_y = -gt$ であったので,微分方程式 $\dfrac{dx}{dt} = 10, \dfrac{dy}{dt} = -gt$ が得られ,それぞれの一般解は,

$$x = \int 10 \, dt = 10t + C_1$$

$$y = \int (-gt) \, dt = -\frac{1}{2}gt^2 + C_2$$

である。ここで,$t = 0$ のとき,$x = 0, y = 20$ であるので,$C_1 = 0, C_2 = 20$ となる。したがって,

$$(x, y) = \left(10t, \ -\frac{1}{2}gt^2 + 20\right) \tag{2.16}$$

である。

例題 3

高さ 20 m の地点から,初速度 $v_0 = 10$ m/(sec) で水平投射したボールの 2.0 秒後の位置 (x, y) を求めよ。

解答 例題 2 から得られた式 (2.16) より,$t = 2$ のとき,$(x, y) = (20, -2g + 20)$ であるので,ボールは,おおよそ $(x, y) = (20 \text{ m}, 0.40 \text{ m})$ の位置にある。

例題 4

高さ 20 m の地点から,初速度 $v_0 = 10$ m/(sec) で水平投射をしたボールが地上に着くまでの時間を求めよ。

解答 例題 2 から得られた式 (2.16) と,地上を $y = 0$ と考えて,$-\dfrac{gt^2}{2} + 20 = 0$ を得る。したがって,$t = \sqrt{\dfrac{40}{g}}$ であるので,約 2.0 秒後といえる。

演習 2.4.1.

高さ 50 m の地点からボールを，初速度 $v_0 = 15$ m/(sec) で水平投射したとき，以下の問いに答えよ．

(1) ボールの速度 $v(t)$ を，x 方向の速度 v_x と，y 方向の速度 v_y とに分けて，それぞれ表せ．

(2) ボールの時間 t 秒後の位置 (x, y) を求めよ．

(3) ボールの 3.0 秒後の位置 (x, y) を求めよ．

(4) ボールが地上に着くまでの時間を求めよ．

演習 2.4.2.

高さ y_0 からボールを，初速度 v_0 で水平投射したとき，次の物理公式を証明せよ．

(1) $x = v_0 t$, $y = -\dfrac{1}{2}gt^2 + y_0$

(2) ボールが地上に着くまでの時間は，$t = \sqrt{\dfrac{2y_0}{g}}$

2.5 斜方投射

要点

【斜方投射の物理的ルール】

仰角 θ_0 方向へ初速 v_0 でボールを投げることを**斜方投射**という。これを数学的に考えるための物理的ルールは，

① 水平方向（x 軸方向）には，初速 $v_0 \cos\theta_0$ の状態のまま等速運動を行う，

② 鉛直方向（y 軸方向）には，初速 $v_0 \sin\theta_0$ の投げ上げ運動を行う，

である。

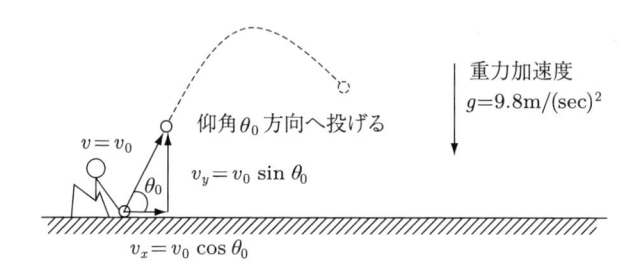

解説 地上 $y = 0$ の地点から，初速度 v_0，仰角 θ_0 で水平投射をしたボールの速度を，上のルールを考慮して，v_x と v_y に関する微分方程式は

$$\frac{dv_x}{dt} = 0 \quad (初期条件：t = 0, v_x = v_0 \cos\theta_0)$$

$$\frac{vy_0}{dt} = -g \quad (初期条件：t = 0, v_y = v_0 \sin\theta_0)$$

である。これを解いて，

$$v_x = v_0 \cos\theta_0 \tag{2.17}$$

$$v_y = v_0 \sin\theta_0 - gt \tag{2.18}$$

を得る。したがって，時間 t 後のボールの位置 (x, y) は，微分方程式

$$\frac{dx}{dt} = v_0 \cos\theta_0 \quad (初期条件：t = 0,\ x = 0) \tag{2.19}$$

$$\frac{dy}{dt} = v_0 \sin\theta_0 - gt \quad (初期条件：t = 0,\ y = 0) \tag{2.20}$$

によって得られる。

例題 1

地上から，初速度 $v_0 = 10$ m/(sec)，仰角 $\theta_0 = 60°$ で斜方投射したボールの速度 v_x, v_y をそれぞれ t で表せ。

解答 要点より，

$$v_x = 10 \cos 60° = 5$$
$$v_y = 10 \sin 60° - gt = 5\sqrt{3} - gt$$

である。

例題 2

地上から，初速度 $v_0 = 10$ m/(sec)，仰角 $\theta_0 = 60°$ で斜方投射したボールの時間 t 秒後の位置 (x, y) を求めよ。

解答 例題 1 より，$v_x = 5,\ v_y = 5\sqrt{3} - gt$ であったので，微分方程式

$\dfrac{dv_x}{dt} = 5, \dfrac{dv_y}{dt} = 5\sqrt{3} - gt$ のそれぞれの一般解は,

$$x = \int 5\, dt = 5t + C_1$$
$$y = \int (5\sqrt{3} - gt)\, dt = 5\sqrt{3}t - \frac{1}{2}gt^2 + C_2$$

である。ここで, $t = 0$ のとき, $x = 0, y = 0$ であるので, $C_1 = 0, C_2 = 0$ となる。したがって,

$$x = 5t, \quad y = 5\sqrt{3}\,t - \frac{1}{2}gt^2 \qquad (2.21)$$

である。

例題 3

地上から, 初速度 $v_0 = 10$ m/(sec), 仰角 $\theta_0 = 60°$ で斜方投射したボールの時間 $t = 0.5$ 秒後の位置 (x, y) を求めよ。

解答 例題 2 から得られた式 (2.21) より, $t = 0.5$ のとき, $x = 2.5$, $y = 2.5\sqrt{3} - 0.125\,g$ である。よって, ボール位置は, おおよそ $x = 2.5$ m, $y = 3.1$ m である。

例題 4

地上から, 初速度 $v_0 = 10$ m/(sec), 仰角 $\theta_0 = 60°$ で斜方投射したボールの最高到達地点の位置ベクトルを求めよ。

解答 例題 1 より, $v_y = 5\sqrt{3} - gt$ であり, 最高到達地点では, $v_y = 0$ であるので, $t = \dfrac{5\sqrt{3}}{g}$ (約 0.9 秒) のとき, ボールは最高到達地点となる。

例題 2 から得られた式 (2.21) に, $t = \dfrac{5\sqrt{3}}{g}$ として計算すると,

$$x = \frac{25\sqrt{3}}{g}, \qquad y = \frac{75}{2g}$$

である。よって，最高地点 (x, y) は，おおよそ (4.4 m, 3.8 m) である。

演習 2.5.1.

地上からボールを，初速度 $v_0 = 14$ m/(sec)，仰角 $\theta_0 = 45°$ で斜方投射したとき，以下の問いに答えよ。

(1) t 秒後のボールの速度 v を，v_x と v_y に分けてそれぞれ表せ。

(2) t 秒後のボールの時間位置 (x, y) を求めよ。

(3) 2.0 秒後のボールの位置を求めよ。

(4) ボールの最高到達地点を求めよ。

演習 2.5.2.

地上からボールを，初速度 v_0，仰角 θ_0 で斜方投射したとき，以下の物理公式を証明せよ。

(1) $x = (v_0 \cos \theta_0)t$, $y = (v_0 \sin \theta_0)t - \dfrac{1}{2}gt^2$

(2) 最高到達地点 (x, y) は, $(x, y) = \left(\dfrac{v_0^2 \cos \theta_0 \sin \theta_0}{g}, \dfrac{v_0^2 \sin^2 \theta_0}{2g} \right)$ である。

2.6　第 2 章のポイントを振り返る

第 2 章の内容のポイントを問題形式で振り返ろう。

問題 1. x 方向に運動している質点 P の時間 t における距離関数を $x(t)$ とする．このとき，P の速度 $v(t)$ と加速度 $a(t)$ の定義がいえるか確認しよう．また，物理公式 (1) $v = v_0 + at$ と (2) $x = v_0 t + \frac{1}{2} a t^2 + x_0$ を導出してみよう．

問題 2. 地上から y_0 の高さの所に立って，物体 P を静かに落とすとき，空気抵抗のような複雑なものは考えないで，重力加速度 g だけを考える．このとき，P の速度 $v(t)$ の式と位置 $x(t)$ の式はどうなるか，速度と加速度の定義式から出発して導出してみよう．

問題 3. 地上から物体 P を初速度 v_0 で真上に投げるとき，やはり空気抵抗のような複雑なものは考えないで，重力加速度 g だけを考える．このとき，P の速度 $v(t)$ の式と位置 $y(t)$ の式はどうなるか，速度と加速度の定義式から出発して導出してみよう．

問題 4. 高さ y_0 から物体 P を初速度 v_0 で水平投射するとき，条件として重力加速度 g だけを考える．このとき，P の速度 v_x と v_y の式と位置 $x(t)$ と $y(t)$ の式はそれぞれどうなるか，基本ルールから導出してみよう．

問題 5. 地上から物体 P を初速度 v_0，仰角 θ_0 で斜方投射したとき，条件として重力加速度 g だけを考える．このとき，P の速度 v_x と v_y の式と位置 $x(t)$ と $y(t)$ の式はそれぞれどうなるか，基本ルールから導出してみよう．また，最高到達地点の位置はどのように計算されるかについても考えてみよう．

第3章　微分積分学の基本定理

　第1章で，積分は微分の逆操作であると定義した。微分積分学の基本定理とは，おおまかに述べると，関数のグラフの面積は積分で表すことができるというものである。この厳密な証明には，$\varepsilon-\delta$（イプシロン−デルタ）論法という証明法が必要であるが，本書のレベルをあまりにも超えているので扱わない。しかし，平均値の定理というものをおおよそ理解でき，それを認めれば証明できるので，この章ではそれを紹介する。

【厳密さを追求した数学者】
オーギュスタン・ルイス・コーシー（Augustin Louis Cauchy, 1789–1857年）：19世紀のフランスの第一流の数学者とされている。特に複素関数論における研究で有名である。「コーシー列」，「コーシーの平均値の定理」，「コーシーの積分定理」，「コーシー・リーマンの関係式」などその名を冠する定理が現在でも解析学の基礎をなしている。微積分学の基本定理の証明に平均値の定理を初めて用いたのもコーシーであった。

3.1 定積分の考え方

関数 $y = f(x)$ のグラフを考える。簡単に考えるために，$f(x)$ はつねに正の値をとり，グラフは切れ目なく滑らかにつながっているものとする。次に，x の区間 $[a,b]$ を考えて，その区間内で $y = f(x)$ のグラフと x 軸で囲まれた部分の面積 A を求めることを考える。その面積を求める操作を，

$$\int_a^b f(x)dx$$

と書き，$f(x)$ の a から b までの**定積分**という。ここで，不定積分の記号 $\int$ が使われることには理由がある。それは第 3 節で明らかになる。

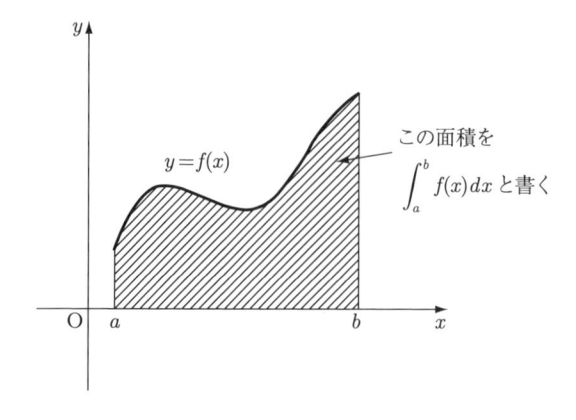

この面積を $\int_a^b f(x)dx$ と書く

📝要点

【定積分の定義】

$$\int_a^b f(x)dx = \lim_{n \to 0} \sum_{k=0}^n f(x_k)\Delta x \left(ただし, \Delta x = \frac{b-a}{n}\right)$$

解説 $\int_a^b f(x)dx$ の考え方は，区間 $[a,b]$ を n 個の小区間に等分割し，各小区間の幅を $\Delta x = \dfrac{b-a}{n}$ とし，その分点を左から，

$$a = x_0, x_1, x_2, \cdots, x_{k-1}, x_k, \cdots, x_n = b$$

とする。そして，左から k 番目の細長い長方形の面積を ΔA_k とすると，

$$\Delta A_k = f(x_k)\Delta x$$

である。

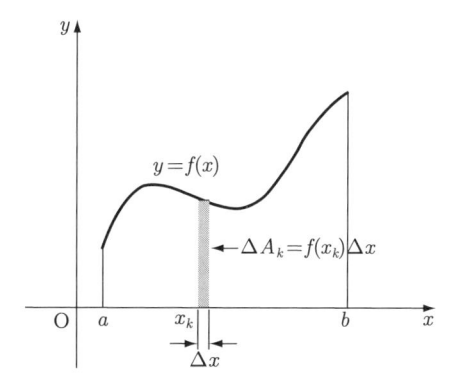

そこで，n 個の小長方形の面積 ΔA_k をすべて足し合わせる。記号で書けば，

$$\sum_{k=1}^{n} \Delta A_k = \sum_{k=1}^{n} f(x_k)\Delta x$$

となる。ここで，$n \to \infty$ としたとき，Δx は限りなく小さくなり，これを dx と書き，各区間の小長方形は限りなく細長くなる。この意味で極限的に細長い小長方形の面積 $f(x_k)dx$ を足し合わすということを，Σ の代わりに $\int$ を使い，$\int_a^b f(x)dx$ と書くのである。

ここで，大切な注意をしよう。それは，$f(x) < 0$ の場合，$f(x)dx$ は負の値をとるということである。したがって，もし区間 $[a,b]$ のすべての点で $f(x) < 0$ であれば $\int_a^b f(x)dx < 0$ となるのである。つまり，$f(x)$ の a から b までの定積分 $\int_a^b f(x)dx$ は，$f(x)$ の符号で正となったり負となったりするので，<u>必ずしも面積を意味するわけではない</u>のである。

さて，$F(x)$ の微分が $f(x) = F'(x)$ となったとする。これは $f(x)$ の不定積分 $\int f(x)dx$ が，$F(x)$ に一致する。つまり，$F(x) = \int f(x)dx$ であることを意味した。問題は不定積分と定積分をなぜ同じ記号で使用するかということである。これは微分積分学にとって，意味ある問いであり，詳しくは第 3 節で扱う。

例題

定積分 $\int_0^1 (2x)\,dx$ の意味するところは，底辺 1, 高さ 2 の直角三角形の面積である。定積分の定義にしたがって，$\int_0^1 (2x)\,dx = 1$ であることを確かめよ。

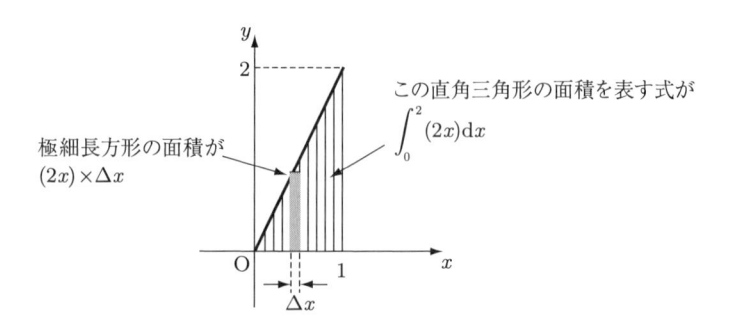

極細長方形の面積が $(2x) \times \Delta x$

この直角三角形の面積を表す式が $\int_0^2 (2x)dx$

解答 区間 $[0,1]$ を n 等分すると，$x_k = \dfrac{k}{n}$，$\Delta x = \dfrac{1}{n}$ である。$\Delta x \to 0$ であることは，$n \to \infty$ であることと同値であること，$\displaystyle\sum_{k=1}^{n} k = \dfrac{n(n+1)}{2}$ 等に注意して計算すると，

$$\int_0^1 (2x)\,dx = \lim_{n \to 0} \sum_{k=1}^{n} \frac{2k}{n} \cdot \frac{1}{n} = \lim_{n \to \infty} \frac{2}{n^2} \sum_{k=1}^{n} k = \lim_{n \to \infty} \left\{ \frac{2}{n^2} \cdot \frac{n(n+1)}{2} \right\}$$
$$= \lim_{n \to \infty} \left\{ 1 + \frac{1}{n} \right\} = 1$$

である。

演習 3.1.1.
定積分 $\displaystyle\int_0^1 x^2\,dx$ を，定積分の定義にしたがって求めよ。

$$\left(\text{ヒント}: \sum_{k=1}^{n} k^2 = \frac{n(n+1)(2n+1)}{6}\right)$$

3.2 平均値の定理

🖉**要点**

【平均値の定理】

関数 $f(x)$ が区間 $[a,b]$ で微分可能であるとき，

$$\frac{f(b) - f(a)}{b - a} = f'(c) \quad (a < c < b)$$

となる点 c が少なくとも 1 つ存在する。

解説 $y = f(x)$ のグラフ上に 2 点 $\mathrm{P}(a, f(a))$，$\mathrm{Q}(b, f(b))$ をとり，直線 PQ を考える。PQ の傾きは，$\dfrac{f(b) - f(a)}{b - a}$ である。xy 平面上で直線 PQ

を平行移動させると，図のように，曲線 $y = f(x)$ と接する点が $[a, b]$ 内で必ず見つかる。その点を $R(c, f(c))$ とする。R での曲線 $y = f(x)$ の接線の傾きは，微分係数の定義より $f'(c)$ である。しかもこれは直線 PQ の傾きと一致する。したがって，

$$\frac{f(b) - f(a)}{b - a} = f'(c) \quad (a < c < b)$$

となるのである。

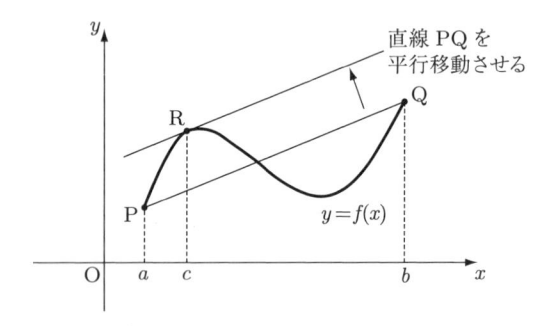

例題

関数 $f(x) = x^3 - 2x^2$ は，$0 < x < 2$ において，$f'(c) = 0$ となる c が存在することを示せ。

解答 $f(0) = f(2) = 0$ であるので，$\dfrac{f(2) - f(0)}{2 - 0} = 0$ である。平均値の定理より，$f'(c) = 0 \ (0 < c < 2)$ となる c が存在する。

演習 3.2.1.

関数 $f(x) = x^3 - 2x^2$ は，$-1 < x < 1$ において，$f'(c) = 1$ となる c が存在することを示せ。

3.3 微分積分学の基本定理

要点

【微分積分学の基本定理】

区間 $[a,b]$ で連続な関数 $f(x)$ の不定積分を $F(x) = \int f(x)dx$ とする。このとき，定積分 $\int_a^b f(x)dx$ の値は，

$$\int_a^b f(x)dx = F(b) - F(a)$$

となる。

注意 以後，$F(b) - F(a)$ を記号 $[F(x)]_a^b$ で表すこともある。

解説 この定理の意味するところは，例えば $f(x) > 0$ のとき，区間 $[a,b]$ における $f(x)$ と x 軸との間の面積が，$f(x)$ の不定積分 $F(x)$ の端点 $x = a, x = b$ の値である $F(a)$ と $F(b)$ の差で決定されるということである。以下に，この証明を大まかに解説する。

$F(x) = \int f(x)dx$ なので，$F'(x) = f(x)$ に注意する。

区間 $[a,b]$ を n 個の小区間に等分割し，各小区間の幅を Δx，その分点を左から，

$$a = x_0, x_1, x_2, \cdots, x_{k-1}, x_k, \cdots, x_n = b$$

とする。各小区間 $[x_{k-1}, x_k]$ で $F(x)$ に平均値の定理を使うと，区間 $[x_{k-1}, x_k]$

内に点 c_k が存在して，
$$\frac{F(x_k) - F(x_{k-1})}{x_k - x_{k-1}} = F'(c_k)$$
となる。$\Delta x = x_k - x_{k-1}$ なので，
$$F(x_k) - F(x_{k-1}) = F'(c_k)\Delta x$$
を得る。これはどの区間でもいえるから，
$$F(x_1) - F(a) = F'(c_1)$$
$$F(x_2) - F(x_1) = F'(c_2)$$
$$\vdots$$
$$F(b) - F(x_{k-1}) = F'(c_n)$$
これらを辺々相加えると，
$$F(b) - F(a) = \sum_{k=1}^{n} f(c_k)\Delta x$$
となる。$\Delta x \to 0$ とすると，右辺は $\sum_{k=1}^{n} f(c_k)\Delta x \to \int_a^b f(x)dx$ となる。左辺は操作 $\Delta x \to 0$ に影響しない。したがって，
$$F(b) - F(a) = \int_a^b f(x)dx$$
が得られるのである。

例題

定積分 $\int_1^2 x^2\, dx$ の値を求めよ。

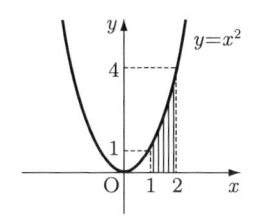

解答
$$\int_1^2 x^2 \, dx = \left[\frac{1}{3}x^3\right]_1^2 = \frac{1}{3} \times (2^3 - 1^3) = \frac{7}{3}$$

演習 3.3.1.

次の定積分の値を求めよ。

(1) $\displaystyle\int_0^2 \frac{x^3}{2} \, dx$ 　　　(2) $\displaystyle\int_{-1}^2 (x^3 - x^2) \, dx$

3.4 第3章のポイントを振り返る

第3章の内容のポイントを問題形式で振り返ろう。

問題 1. 関数 $y = f(x)$ の $x = a$ から $x = b$ の間の定積分の考え方をグラフと極細長方形を用いて説明してみよう。

問題 2. 平均値の定理を書いて、それの意味するところをグラフを用いて説明してみよう。

問題 3. 微分積分の基本定理とはどういうものだったのか説明してみよう。

第4章　微積分の計算術

これまで，微分積分の基本的な考え方を学習してきた。しかし，微分積分をダイナミックに使いこなすためには，関数 $f(x)$ と $g(x)$ の積 $f(x)g(x)$ や商 $\dfrac{f(x)}{g(x)}$ に関する微分公式，そして合成関数に関する微分公式を知る必要がある。そして，それらは積分においては，部分積分の公式や置換積分の公式に対応する。

【数学者の一族】

ベルヌーイ一族 (Bernouilli family) はライプニッツの献身的な弟子であり，微分積分を世に広める重要な役割を果たした。特に，スイス人の兄弟ヤコブ・ベルヌーイ（Jakob Bernoulli, 1654–1705年）とヨハン・ベルヌーイ（Johann Bernoulli, 1667–1748年）は，最も中心的な人物であった。若い世代では，ダニエル・ベルヌーイ（Daniel Bernoulli, 1700–1782年，左の絵）が有名である。彼は，水力学における"ベルヌーイの法則"を発見した。また確率論においても「リスクの測定に関する新しい理論」という論文から経済理論へ貢献している。

4.1 積と商の微分公式

要点 1

【積の微分公式】

微分可能な x の関数 f, g に関して，次の公式が成り立つ．

$$(fg)' = f'g + fg'$$

解説 積の微分公式を導出しよう．まず，$f(x)$ の微分 $f'(x)$ の考え方を復習すると，

$$\frac{\Delta f}{\Delta x} = \frac{f(x+\Delta x) - f(x)}{\Delta x}$$

で，$\Delta x \to 0$ としたとき，$\dfrac{\Delta f}{\Delta x} \to f'(x)$ となるというものであった．同様にして，fg の増分 $\Delta(fg)$ を考えると，

$$\begin{aligned}
\Delta(fg) &= f(x+\Delta x)g(x+\Delta x) - f(x)g(x) \\
&= f(x+\Delta x)g(x+\Delta x) - f(x)g(x+\Delta x) \\
&\quad + f(x)g(x+\Delta x) - f(x)g(x) \\
&= \{f(x+\Delta x) - f(x)\}g(x+\Delta x) + f(x)\{g(x+\Delta x) - g(x)\} \\
&= \Delta f \cdot g(x+\Delta x) + f(x) \cdot \Delta g
\end{aligned}$$

と変形できる．したがって，

$$\frac{\Delta(fg)}{\Delta x} = \frac{\Delta f}{\Delta x} g(x+\Delta x) + f(x) \cdot \frac{\Delta g}{\Delta x}$$

である．ここで，$\Delta x \to 0$ とすれば，$\dfrac{\Delta(fg)}{\Delta x} \to \dfrac{d(fg)}{dx} = (fg)'$ であり，$\dfrac{\Delta f}{\Delta x} \to \dfrac{df}{dx} = f'$ であり，$\dfrac{\Delta g}{\Delta x} \to \dfrac{dg}{dx} = g'$ であるので，

$$(fg)' = f'(x)g(x) + f(x)g'(x)$$

が得られる。

要点2

【商の微分公式】

微分可能な x の関数 f, g $(g(x) \neq 0)$ に関して, 次の公式が成り立つ.
$$\left(\frac{f}{g}\right)' = \frac{f'g - fg'}{g^2}$$

解説 商の微分公式を導出しよう。$\dfrac{f}{g}$ の増分を考えると,

$$\begin{aligned}
\Delta\left(\frac{f}{g}\right) &= \frac{f(x+\Delta x)}{g(x+\Delta x)} - \frac{f(x)}{g(x)} \\
&= \frac{f(x+\Delta x)g(x) - f(x)g(x+\Delta x)}{g(x+\Delta x) \cdot g(x)} \\
&= \frac{f(x+\Delta x)g(x) - f(x)g(x) + f(x)g(x) - f(x)g(x+\Delta x)}{g(x+\Delta x) \cdot g(x)} \\
&= \frac{\{f(x+\Delta x) - f(x)\}g(x) - f(x)\{g(x+\Delta x) - g(x)\}}{g(x+\Delta x) \cdot g(x)} \\
&= \frac{\Delta f \cdot g(x) - f(x) \cdot \Delta g}{g(x+\Delta x) \cdot g(x)}
\end{aligned}$$

と変形できる。よって,

$$\frac{\Delta\left(\dfrac{f}{g}\right)}{\Delta x} = \frac{\Delta f}{\Delta x} \cdot \frac{g(x)}{g(x+\Delta x) \cdot g(x)} - \frac{f(x)}{g(x+\Delta x) \cdot g(x)} \cdot \frac{\Delta g(x)}{\Delta x}$$

ここで, $\Delta x \to 0$ とすれば,

$$\left(\frac{f}{g}\right)' = \frac{f'(x) \cdot g(x) - f(x) \cdot g'(x)}{g(x)^2}$$

が得られる。

例題 1

$y = (x^3 + 2x^2)(3x^2 + 8x + 2)$ を微分せよ。

解答 展開して微分しても構わないが，ここでは，積の微分公式を使って微分する。

$$\begin{aligned}
y' &= (x^3 + 2x^2)'(3x^2 + 8x + 2) + (x^3 + 2x^2)(3x^2 + 8x + 2)' \\
&= (3x^2 + 4x)(3x^2 + 8x + 2) + (x^3 + 2x^2)(6x + 8) \\
&= x(3x + 4)(3x^2 + 8x + 2) + 2x(x^2 + 2x)(3x + 4) \\
&= x(3x + 4)(5x^2 + 12x + 2)
\end{aligned}$$

例題 2

$y = \dfrac{x + 1}{x^2 + x + 1}$ を微分せよ。

解答 商の微分公式より，

$$\begin{aligned}
y' &= \frac{(x+1)'(x^2+x+1) - (x+1)(x^2+x+1)'}{(x^2+x+1)^2} \\
&= \frac{(x^2+x+1) - (x+1)(2x+1)}{(x^2+x+1)^2} \\
&= \frac{(x^2+x+1) - (2x^2+3x+1)}{(x^2+x+1)^2} \\
&= \frac{-x(x+2)}{(x^2+x+1)^2}
\end{aligned}$$

演習 4.1.1.

次の関数を微分せよ。

(1) $y = (x^2 + x + 1)(4x^3 + 3x^2)$
(2) $y = \dfrac{x-1}{(2x-1)(x+1)}$

4.2 合成関数の微分公式

積 $f(x)g(x)$ や商 $\dfrac{f(x)}{g(x)}$ に関する微分公式に加えて，関数 $u(x)$ 自身が関数 $f(u)$ の変数となっている合成関数 $f(u(x))$ などに関する公式を知ることは重要である。

要点

【合成関数の微分公式】

関数 $u = u(x)$ が微分可能で，さらにその値域で $y = y(u)$ が微分可能であるとき，次の公式が成り立つ。

$$\frac{dy}{dx} = \frac{dy}{du}\frac{du}{dx}$$

解説 合成関数の微分公式を導出しよう。$du = u'(x)dx$ で, $dy = y'(u)du$ であるので, $dy = y'(u)u'(x)dx$ である。$y'(u) = \dfrac{dy}{du}$, $u'(x) = \dfrac{du}{dx}$ であるので,

$$\frac{dy}{dx} = \frac{dy}{du}\frac{du}{dx}$$

が成り立つ。

例題

$y = (x^2 + x + 1)^{10}$ を微分せよ。

解答 $u = x^2 + x + 1$ と考えて合成関数の微分公式を用いると,

$$y' = (u^{10})'(x^2 + x + 1)' = 10u^9(2x + 1) = 10(2x + 1)(x^2 + x + 1)^9$$

演習 4.2.1.

$y = (3x^3 - 2x^2 + x)^7$ を微分せよ。

4.3 部分積分

要点

【部分積分の公式】

$$\int f'g\, dx = fg - \int fg'\, dx$$

解説 積の微分公式 $(fg)' = f'g + fg'$ より, $f'g = (fg)' - fg'$ である。両辺を積分して, $\int f'g\, dx = fg - \int fg'\, dx$ を得る。

例題

$\int x(x+1)^9\, dx$ を求めよ。

解答 $f' = (x+1)^9$, $g = x$ と考えると，$f = \dfrac{1}{10}(x+1)^{10}$, $g' = 1$ である。したがって，部分積分の公式より，

$$\int (x+1)^9 \cdot x \, dx = \frac{1}{10}(x+1)^{10} \cdot x - \int \frac{1}{10}(x+1)^{10} \cdot (1) \, dx$$

$$= \frac{1}{10}x(x+1)^{10} - \frac{1}{10}\int (x+1)^{10} \, dx = \frac{1}{10}x(x+1)^{10} - \frac{1}{110}(x+1)^{11} + C$$

$$= \left(\frac{x}{10} - \frac{x+1}{110}\right)(x+1)^{10} + C = \frac{1}{110}(10x-1)(x+1)^{10} + C$$

演習 4.3.1.
$\displaystyle\int x(x+1)^{n-1} \, dx$ を求めよ。

4.4 置換積分の公式

🖉 **要点**

【置換積分の公式】

微分可能な関数 $\varphi(x)$ を使って，$t = \varphi(x)$ と置換すると，

$$\int f(\varphi(x))\varphi'(x) \, dx = \int f(t) \, dt$$

定積分に関しては，$\alpha = \varphi(a)$, $\beta = \varphi(b)$ で，$\varphi(x)$ の値域が区間 $[\alpha, \beta]$ に含まれるならば，

$$\int_a^b f(\varphi(x))\varphi'(x) \, dx = \int_\alpha^\beta f(t) \, dt$$

解説 置換積分は積分を扱うときに使う頻度が比較的高い。

不定積分に関してのみ簡単な解説をする。$t = \varphi(x)$ の微分は $dt = \varphi'(x)dx$ である。したがって，
$$\int f(\varphi(x))\varphi'(x) \, dx = \int f(t) \, dt$$
を得る。

例題

定積分 $\int_0^1 (2x-1)^9 \, dx$ の値を求めよ。

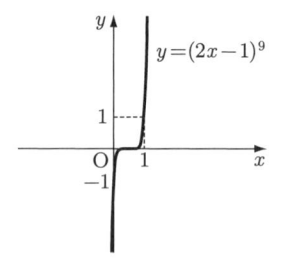

解答 $t = 2x - 1$ とおくと，$dt = 2dx$ であり，$x = 0$ のとき $t = -1$ で，$x = 1$ のとき $t = 1$ であるので，積分範囲は $-1 \to 1$ となり，置換積分の公式より，
$$\int_0^1 (2x-1)^9 \, dx = \int_{-1}^1 t^9 \cdot \frac{1}{2} dt = \frac{1}{2} \int_{-1}^1 t^9 dt = \frac{1}{20} \left[t^{10} \right]_{-1}^1 = 0$$

演習 4.4.1.

次の定積分の値を求めよ。

(1) $\int_0^1 (3x-2)^7 \, dx$ (2) $\int_1^3 \left(\frac{1-x}{2} \right)^5 dx$

4.5 第 4 章のポイントを振り返る

第 4 章の内容のポイントを問題形式で振り返ろう。

問題 1. 積の微分公式を述べ，それを利用して部分積分の公式を導出してみよう。

問題 2. 積の微分公式を述べ，それを利用して商の微分公式を導出してみよう。

問題 3. 合成関数の微分公式を思い出してみよう。また，例題を自分で作って解いてみよう。

問題 4. 置換積分の方法を思い出し，自分で例題を作って解いて確認しよう。

第5章　力学の初歩と微分積分

　物理学においてはニュートンの運動方程式が基本である。それは，質量 m の質点 P に力 F が働くと，加速度 a が F/m として生じる，すなわち，$F = ma$ である。そこで，F の積分を考える。まず F を距離の関数とする立場から積分すると仕事という概念が得られ，次に F を時間の関数とする立場から積分すると速度の 2 乗であるエネルギーという概念が得られる。その後，運動前の力学的エネルギーと運動後の力学的エネルギーは変化しないという力学的エネルギー保存の法則が，微分積分の議論から導き出されるのである。

【近代物理学の祖】
サー・アイザック・ニュートン（Sir Isaac Newton, 1642–1727 年）：イギリスの自然哲学者で数学者。ガリレイの没した年のクリスマスの日に未熟児として生まれる。微分積分法をライプニッツとほぼ同時期にそれぞれ独立に発見した。『プリンキピア（自然哲学の数学的諸原理）』という本を出版し，ニュートン力学を確立した。近代物理学の祖といわれている。万有引力の発見，光のスペクトル分析はあまりにも有名な研究である。

5.1 力とは

　力とは何かという根源的な問題は本書では扱わない。ただ，物理学では，力は方向と大きさ（強さ）をもつ量とされている。一般に，方向と大きさ（強さ）をもつ量のことを**ベクトル**というが，簡単に考えるために，この章では，x 方向のみ，あるいは y 方向のみのベクトル（プラス方向かマイナス方向だけ）を扱う。

要点

【ニュートンの運動の第2法則】
　質量 m の質点 P が力 F を受けて生じる加速度を a とする。このとき，
$$F = ma \tag{5.1}$$
が成り立つ。式 (5.1) を**ニュートンの運動方程式**という。

解説　力の働きを考える分野を**力学**という。力学に関する諸計算を行うためには，3つの**ニュートンの運動法則**を認めなくてはならない。第1法則は「慣性の法則」と呼ばれ，第2法則は式 (5.1) で表されたように，力，物体の質量と加速度の関係に関する。第3法則は「作用反作用の法則」と呼ばれるものである。詳しくは物理で勉強することにして，このセクションでは，第2法則だけを扱い，微分積分との関係性を学習する。

　ところで，加速度の大きさの SI 単位は $\mathrm{m/(sec)^2}$，質量は kg であるから，力の単位は $\mathrm{kg \cdot m/(sec)^2}$ であるが，$1\mathrm{kg \cdot m/(sec)^2}$ は 1 N（ニュートン）と定めてある。

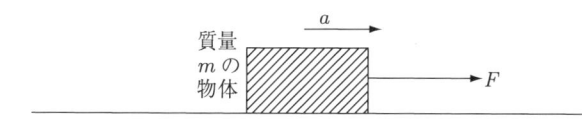

ニュートンの運動方程式とは,「抵抗のない滑らかな氷のような平面上では,質量 m の物体に F という力を与えると,物体の加速度は a となる」というものである.

例題

滑らかな水平面上で,質量 2.0 kg の静止している物体 P を 10 N の一定の力で押し続けた.5.0 秒後の P の速度と進んだ距離を求めよ.

解答 $F = 10$ N, $m = 2.0$ kg であり,ニュートンの運動方程式より,
$$a = \frac{F}{m} = \frac{10}{2} = 5 \text{ m/(sec)}^2$$
である.$\frac{dv}{dt} = a$ より,$v = \int 5dt = 5t + C$ である.$t = 0$ のとき $v = 0$ より $C = 0$ である.よって,5 秒後の速度は $v = 25$ m/(sec) である.

進んだ距離について,$\frac{dx}{dt} = 25t$ より,$x = \frac{25}{2}t^2 + C$ で,$t = 0$ のとき $x = 0$ より $C = 0$ である.よって,5 秒後の進んだ距離は $x = 310$ m である.

演習 5.1.1.

滑らかな水平面上で,質量 500 g の静止している物体 P を 8.0 N の一定の力で押し続けた.2.0 秒後の P の速度と進んだ距離を求めよ.

5.2 仕事とポテンシャル

要点 1

【仕事】

力 F が x の関数 $F(x)$ である場合，力 F が $x=a$ から $x=b$ までの間に質点 P に対して行った**仕事** W は

$$W = \int_a^b F(x)dx$$

で定義される。

解説 質点 P を同じ力 F で l だけ移動したときの仕事は $W = Fl$ である。しかし，力 F が一定でない場合は微小距離 dx との積から，微小仕事 Fdx を考え，それの総和，つまり積分を行うことが仕事 W の定義である。

要点 2

【ポテンシャル】

力 F が x の関数 $F(x)$ である場合，$U(x) = -\int_{x_0}^{x} F(x)\,dx$ を力 F の**ポテンシャル**という。ただし x_0 は定数である。

解説 $U(x)$ が，なぜ $\int_{x_0}^{x} F(x)\,dx$ にマイナス $(-)$ をつけたものになっ

ているのか．その理由は，後に述べるエネルギー保存の法則に関係するからである．

さて，F が x 方向だけでなく，y 方向にも関係するベクトル関数 $\boldsymbol{F} = (F_x, F_y)$ である場合（正確には**ベクトル場**という）において，ポテンシャル $U(x, y)$ は，$U(x, y)$ を y は定数として考え x で微分した関数 U_x と，$U(x, y)$ を x は定数として考え y で微分した関数 U_y がそれぞれ，$U_x = -F_x$, $U_y = -F_y$ となっているものと定義される．この場合，たとえば，力 $\boldsymbol{F} = (x, y)$ にはポテンシャルが存在する．それは，$U(x, y) = -\frac{1}{2}(x^2 + y^2)$ である．なぜならば，$U_x = -x = -F_x$, $U_y = -y = -F_y$ となるからである．しかし，$\boldsymbol{F} = (0, x)$ にはポテンシャルが存在しない．なぜならば，$U_x = 0, U_y = x$ となる $U(x, y)$ は存在しないからである．

しかし，この章では F を積分可能な 1 変数関数 $F(x)$ として扱うため，ポテンシャル $U(x)$ は必ず存在するので，要点 2 のように定義したのである．

例題 1

地上 25 m の高さから，地上に向かって質量 2.0 kg の物体 P を静かに落とすとき，P に働いている力 F が P に対して行った仕事を求めよ．ただし，物体の運動には一定の重力加速度 g のみが下向きに働いているものとする．

解答 ニュートンの運動の第 2 法則より，物体 P に働いている力は $F = -2g$ である．よって，F が P に対して行った仕事は，運動の方向が y 方向であることに注意して計算すると，

$$\int_{25}^{0} F\, dy = \int_{25}^{0} (-2g) dy = -2g \int_{25}^{0} dy = -2g\, [y]_{25}^{0} = 50g$$

であり，おおよそ 490 N·m である。

> **例題 2**
>
> 力 F が x の位置に比例して増える関数 $F = 2x$ で与えられているとき，F のポテンシャル $U(x)$ を求めよ。（このような物理の例は，ばねの力は距離 x に比例して強くなるというものがある。）

解答 $U(x) = -\int_{x_0}^{x} F(x)\, dx = -\int_{x_0}^{x} (2x)\, dx = -x^2 + C$ （$C = x_0^2$ は定数）

演習 **5.2.1.**

力 F が x の位置に比例して増える関数 $F = ax$ （a は定数）で与えられているとき，次の問いに答えよ。

(1) F のポテンシャルを求めよ。
(2) 質量 m をもつ質点 P が $x = 0$ から $x = l$ まで移動するとき，力 F が P に対して行う仕事を求めよ。

5.3 運動エネルギー

要点 1

> 【運動エネルギー】
>
> 質量 m の質点 P が点 x の地点を速度 v_x で運動しているとき，
>
> $$K = \frac{1}{2} m v_x^2 \tag{5.2}$$
>
> を P の運動エネルギーと呼ぶ。

解説 この章では，速度も x 方向のみの運動として考えているので，運動エネルギーは，式 (5.2) のように $\frac{1}{2}mv_x^2$ で定義できるが，xy 平面で運動している場合は，速度 v は x 方向の成分 v_x と y 方向の成分 v_y をもつベクトル $\mathbf{v}$ となり，その大きさ $|\mathbf{v}| = \sqrt{v_x^2 + v_y^2}$ によって，$\frac{1}{2}m|\mathbf{v}|^2$ として定義される。

要点 2

【仕事と運動エネルギーの関係】

ニュートンの運動の第 2 法則より $F = ma$ であったので，F は時間 t に依存する関数 $F(t)$ と考える。このとき，力 $F(t)$ が $x = a$ から $x = b$ までの間に質点 P に対して行った仕事 W は，P の点 x における運動エネルギー K_x を使って

$$W = \frac{1}{2}mv_b{}^2 - \frac{1}{2}mv_a{}^2 = K_b - K_a$$

と表される。

$x = a$ $\qquad x = b$
$K_a = \frac{1}{2}mv_a^2 \qquad K_b = \frac{1}{2}mv_b^2$

$(W = K_b - K_a)$

解説 まず，P が力 $F(t)$ を受けているときの加速度を $a(t)$ とすると，ニュートンの運動の第 2 法則より，$F = ma$ である。一方，加速度の定

義は $a = \dfrac{dv}{dt}$ であったので，

$$F = m\dfrac{dv}{dt}$$

を得る。また，$dx = vdt$ を利用して，$\dfrac{dv}{dt}dx$ から dx を消去すると，

$$\dfrac{dv}{dt}dx = \dfrac{dv}{dt}vdt = vdv$$

となる。したがって，

$$W = \int_a^b Fdx = \int_a^b m\dfrac{dv}{dt}dx = \int_{v_a}^{v_b} mvdv$$
$$= m\int_{v_a}^{v_b} vdv = m\left[\dfrac{v^2}{2}\right]_{v_a}^{v_b} = \dfrac{1}{2}m{v_b}^2 - \dfrac{1}{2}m{v_a}^2$$

となる。

結論を再度繰り返せば，仕事の定義は $W = \displaystyle\int_a^b Fdx$ であるが，P の最初の速度 v_a と最後の速度 v_b がわかっていれば，F の行った仕事 W は，仕事を行う最初と最後の運動エネルギーの差 $W = \dfrac{mv_b^2}{2} - \dfrac{mv_a^2}{2}$ となるのである。

例題

地上から 10 m の位置に立って，質量 1.0 kg の物体を，下に向かって $v_0 = 5.0$ m/(sec) で投げ下ろすとき，地上に着く直前の物体の速度を求めよ。

解答

$y = 10$ から $y = 0$ における仕事 W を求めればよい。運動方程式より，$F = -g$ は一定であるので，

$$W = \int_{10}^0 F\,dy = \int_{10}^0 (-g)\,dy = g\int_0^{10} dy = 10g$$

である。要点 2 より，
$$W = \frac{1}{2}v_{10}^2 - \frac{1}{2}v_0^2$$
であるので，$10g = \frac{1}{2}v_{10}^2 - \frac{25}{2}$ より，$v_{10} = \sqrt{20g + 25}$，おおよそ 15 m/(sec) である。

演習 5.3.1.
地上 25 m の位置から，質量 50 kg の物体を静かに落とすとき，地上に着く瞬間の物体の速度を求めよ。

5.4 力学的エネルギーの保存則

要点 1

【力学的エネルギー】
力 F により x 方向のみに動く質点 P の位置 x に関して，
$$E(x) = \frac{1}{2}mv_x^2 + U(x)$$
を F による P の**力学的エネルギー**という。特に，ポテンシャル $U(x)$ を**位置エネルギー**または**ポテンシャルエネルギー**と呼ぶ。

解説 質量 m の質点 P に働く力 F が $x = a$ から $x = b$ までの間に P に対して行った仕事 W は，2 通りの表現方法をもつ。すなわち，$W = \frac{1}{2}mv_b^2 - \frac{1}{2}mv_a^2$ であり，$U(x)$ の定義より $W = U(a) - U(b)$ でもある。したがって，
$$\frac{1}{2}mv_b^2 - \frac{1}{2}mv_a^2 = U(a) - U(b)$$

を得る。これより，
$$\frac{1}{2}mv_a^2 + U(a) = \frac{1}{2}mv_b^2 + U(b) \tag{5.3}$$
となる。式 (5.3) は，力 $F(x)$ が質量 m の質点 P に働いて起こった運動の間に，力学的エネルギーが変わらないことを示している。運動の間に力学的エネルギーが変わらないことを**力学的エネルギーの保存則**という。

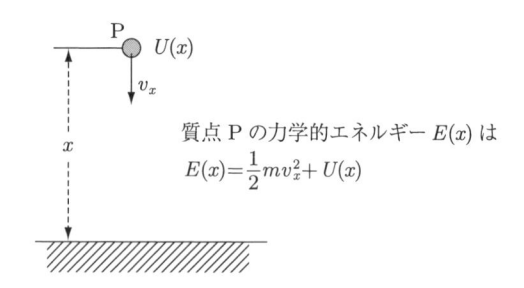

質点 P の力学的エネルギー $E(x)$ は
$E(x) = \frac{1}{2}mv_x^2 + U(x)$

例題

質量 $m = 0.5$ kg のボールを，高さ 20 m の位置 x から真下に向かって速さ $v_x = 10$ m/(sec) で投げた。地上に着く直前のボールの速さ v_0 を，力学的エネルギーの保存則を使って求めよ。

解答 $F = -mg$ のポテンシャルは $U(x) = mgx$ であり，力学的エネルギーの保存則は，
$$\frac{1}{2}mv_x^2 + U(x) = \frac{1}{2}mv_0^2 + U(0)$$
である。$v_x = 10$ であるので，
$$\frac{1}{2}m \times 10^2 + 20mg = \frac{1}{2}mv_0^2$$
よって，$v_0 = \sqrt{10^2 + 40g}$ m/(sec) で，おおよそ 22 m/(sec) である。

演習 5.4.1.
　質量 $m = 0.3$ kg のボールを，高さ 10 m の位置 x から真下に向かって速さ $v_x = 12$ m/(sec) で投げた。地上に着く直前のボールの速さ v_0 を，力学的エネルギーの保存則を使って求めよ。

5.5　力積と運動量

要点 1

【力積】
　力 $F(t)$ が質点 P に，時間 $t = t_1$ から $t = t_2$ までの間に働いているとき，
$$\boldsymbol{I} = \int_{t_1}^{t_2} F(t)dt \tag{5.4}$$
を，力 F の t_1 から t_2 までの**力積**という。

解説　力 F を時間 t の関数 $F(t)$ と考えて t で積分したものが力積であり，位置 x の関数 $F(x)$ と考えて x で積分したものがポテンシャルであることに，今一度注意する必要がある。

要点 2

【運動量】
　質量 m の質点 P が，速度 v で運動しているとする。このとき，$p = mv$ を P の時間 t における**運動量**という。

例題

$v_j\ (j=1,2)$ と $p_j\ (j=1,2)$ をそれぞれ，質点 P の時間 t_j における速度と運動量とすると，

$$\boldsymbol{I} = mv_2 - mv_1 = p_2 - p_1 \tag{5.5}$$

が成り立つことを示せ．

解答 質点 P の運動方程式は，

$$F(t) = m\frac{dv}{dt}$$

である．$F(t)$ の t_1 から t_2 までの力積 $\boldsymbol{I}$ を考えると，

$$\boldsymbol{I} = \int_{t_1}^{t_2} F(t)dt = m\int_{t_1}^{t_2}\frac{dv}{dt}dt \tag{5.6}$$

を得る．右辺は，

$$m\int_{t_1}^{t_2}\frac{dv}{dt}dt = m\int_{v_1}^{v_2} dv = mv_2 - mv_1$$

であるので，式 (5.6) は，

$$\boldsymbol{I} = mv_2 - mv_1 = p_2 - p_1 \tag{5.7}$$

となる．

注意

例題 1 でわかるように，質点 P に働く力 F の t_1 から t_2 までの力積 I は，その最初と最後の運動量の差 $mv_2 - mv_1$ で決まる。これに対して，仕事は，その最初と最後の運動エネルギーの差 $\frac{1}{2}mv_2^2 - \frac{1}{2}mv_1^2$ で決まった。このことは，運動エネルギーの式 $Kx = \frac{1}{2}mv^2$ を v で微分したものが運動量 $p = mv$ となっていることに関係する。

$t = t_1$ $\qquad$ $t = t_2$ $\qquad$ $(I = mv_2 - mv_1)$

$p = mv_1$ $\qquad$ $p = mv_2$

$K_1 = \frac{1}{2}mv_1^2$ $\qquad$ $K_2 = \frac{1}{2}mv_2^2$ $\qquad$ $\left(W = \frac{1}{2}mv_2^2 - \frac{1}{2}mv_1^2\right)$

演習 5.5.1.

力 $F(t)$ が $t = 0$ (sec) から $t = 0.01$ (sec) までの間に，図のような変化で表されていた場合，$F(t)$ の 0.01 (sec) 間の力積 I を求めよ。

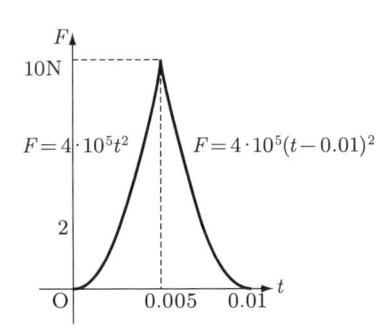

$F = 4 \cdot 10^5 t^2$ $\qquad$ $F = 4 \cdot 10^5 (t - 0.01)^2$

5.6　衝突と運動量保存の法則

要点 1

【衝突】
　衝突とは，2つの質点 P と P′ が互いに近づいて力をおよぼし合い，最初にもっていた運動量やエネルギーを変化させる状態のことをいう。

要点 2

【運動量保存の法則】
　衝突の間に，質点 P が受ける力 $F(t)$ と，質点 P′ が受ける力 $F'(t)$ の間に，$F'(t) = -F(t)$（作用反作用の法則）が成り立ち，それ以外の力は働かないものと仮定する。さらに，t_1 を衝突前の時間，t_2 を衝突後の時間とする。このとき，

$$p_1 + p'_1 = p_2 + p'_2 \tag{5.8}$$

が成り立つ。式 (5.8) を，**運動量保存の法則**と呼ぶ。

解説　2つの質点 P と P′ に働く力 $F(t)$ と $F'(t)$ の t_1 から t_2 までの力積 I と I' は，それぞれ，関係式 (5.5) から，

$$I = p_2 - p_1$$

$$I' = p'_2 - p'_1$$

である。衝突の間で作用反作用の法則 $F'(t) = -F(t)$ を仮定していた

ので，

$$I = -I'$$

である。したがって，

$$p_2 - p_1 = -p'_2 + p'_1$$

である。これより，

$$p_1 + p'_1 = p_2 + p'_2$$

を得る。

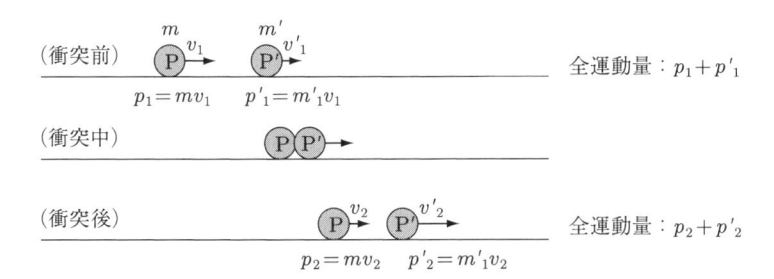

```
(衝突前)    m  v₁    m'  v'₁
           Ⓟ→     Ⓟ→                          全運動量：p₁+p'₁
         p₁=mv₁   p'₁=m'₁v₁

(衝突中)            ⓅⓅ'→

(衝突後)              Ⓟ v₂   Ⓟ v'₂
                    →      →                  全運動量：p₂+p'₂
                   p₂=mv₂  p'₂=m'₁v₂
```

注意【撃力】

要点 2 において，$F(t)$ と $F'(t)$ 以外の力は働かないものということを仮定したが，物理学では，衝突が**撃力**（瞬間的に作用する大きな力）であるときが，そのような状態であると考えられている。つまり，衝突が撃力である場合には，運動量保存の法則が成り立つものとしている。

例題

　一直線上で，速さ 0.6 m/(sec) で進む質量 1.0 kg の台車 A と，逆向きに速さ 0.9 m/(sec) で進む質量 2.0 kg の台車 B とが衝突して一体となって進み始めた．衝突後，2 つの台車は，どちらの向きに何 m/(sec) の速さで進んだか．ただし，タイヤの摩擦や空気抵抗等の外力は無視する．

解答　はじめの A の進行方向を x 方向とし，衝突後の速度を v とする．衝突前の A と B の運動量をそれぞれ p_1, p_1' とすると，

$$p_1 = 1.0 \times 0.6 = 0.6, \quad p_1' = 2.0 \times (-0.9) = -1.8$$

であり，衝突後の A と B の運動量をそれぞれ p_2, p_2' とすると，

$$p_2 = 1.0v, \quad p_2' = 2.0v$$

である．運動量保存の法則 (5.8) から，

$$0.6 - 1.8 = 3.0v$$

より，$v = -\dfrac{1.2}{3} = -0.4$ m/(sec) である．すなわち，はじめの A の進行方向とは逆向きに 0.4 m/(sec) の速さで進んだ．

演習 5.6.1.

　質量 1.0 kg の台車 A と，質量 2.0 kg の台車 B とが A を前にしてばねでつながれ，一体となって一直線上を速さ 0.6 m/(sec) で進んでいた．途中で，ばねを切って分離し，その勢いで加速した A の速さは 2.4 m/(sec) となった．分離後，B の台車は，どちらの向きに何 m/(sec) の速さで進んだか．ただし，タイヤの摩擦や空気抵抗等の外力は無視する．

5.7　第5章のポイントを振り返る

第5章の内容のポイントを問題形式で振り返ろう。

問題1. 質量 m の質点 P に力 $F(x)$ で働いているとき，質点 P に対して行った仕事 W はどのように定義されたか思い出そう。

問題2. 質量 m の質点 P に力 $F(x)$ で働いているとき，F のポテンシャルはどのように定義されたか思い出そう。

問題3. 運動エネルギーとはどのように定義されたか思い出そう。

問題4. 力学的エネルギーの定義を述べてみよう。また，質量 m の質点 P に力 $F(x)$ が $x=a$ から $x=b$ まで行った仕事から，どのような結論が得られたか思い出そう。

問題5. $F(x)$ の $t=t_1$ から $t=t_2$ までの力積の定義を述べてみよう。

問題6. 運動量とはどのように定義されたか思い出そう。また，運動エネルギーとの関係はどうなっているか考えてみよう。

問題7. 運動量保存の法則はどのような物理的現象のときに起こり得るか考えてみよう。

第6章　初等超越関数の微分積分

　三角関数や指数関数，対数関数などは超越関数と呼ばれる関数の種類に含まれる。超越関数でないものは代数関数と呼ばれる。多項式関数や分数関数や平方根関数は代数関数である。本章では特に，三角関数，指数関数，対数関数という初等的な超越関数だけを扱う。これらの微分積分を学ぶと，とてもシンプルで美しい構造を理解することができる。しかも，本章の後半を読めば，これらの関数は，微分方程式の議論において必要不可欠な関数となっていることもわかるであろう。

【対数の発明者】
ジョン・ネイピア（John Napier, 1550–1617 年）：スコットランドの大富豪のマーキストン男爵であり，専門の数学者ではない。著作『驚くべき対数体系の記述』の中でネーピア対数 L という数概念を定義した。それは自然数 N に対して，$N = 10^7(1 - \frac{1}{10^7})^L$ を満たす数 L のことである。彼は L を最初"人工数"と呼んでいたが，二つのギリシア語 Logos（比）と arithmos（数）から複合語 logarithm（対数）をつくりあげた。しかし，ネイピアの数 e の現代的な定義を与えた人はヤコブ・ベルヌーイである。その後 e^x の解析的研究が開花した。

6.1 三角関数の微分積分

三角関数の微分積分を扱うとき，次の基本定理は重要である。

要点 1

【三角関数の基本近似定理】
$$\lim_{\theta \to 0} \frac{\sin\theta}{\theta} = 1$$

すなわち，θ が極小のときは，$\sin\theta$ の値は θ で近似できる，つまり，$\sin\theta \fallingdotseq \theta$ である。ただし，θ がラジアンであることには十分注意すること。

解説 上の定理を図でイメージすると以下のようになる。θ が極小であると，半径 1 の円の弧長 θ とそのときの $\sin\theta$ は，ほぼ等しくなることが想像できよう。このことの正確な証明は，曲線の長さが定義されない限り難しい。

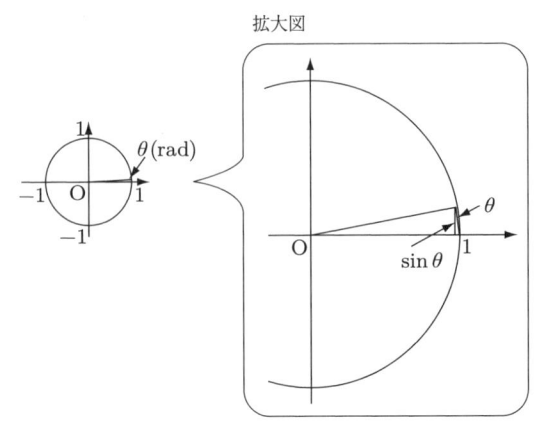

要点 2

【サインとコサインの微分公式】

① $(\sin x)' = \cos x$　　② $(\cos x)' = -\sin x$

解説　①の証明は，加法定理 $\sin(x + \Delta x) = \sin x \cos \Delta x + \sin \Delta x \cos x$ を，思い出して使うとできる。つまり，

$$\frac{\sin(x + \Delta x) - \sin x}{\Delta x} = -\sin x \cdot \frac{1 - \cos \Delta x}{\Delta x} + \frac{\sin \Delta x}{\Delta x} \cdot \cos x$$

$$= -\sin x \cdot \frac{1 - \cos^2 \Delta x}{\Delta x(1 + \cos \Delta x)} + \frac{\sin \Delta x}{\Delta x} \cdot \cos x$$

$$= -\sin x \cdot \frac{\sin^2 \Delta x}{\Delta x(1 + \cos \Delta x)} + \frac{\sin \Delta x}{\Delta x} \cdot \cos x$$

$$= -\sin x \cdot \frac{\sin \Delta x}{\Delta x} \cdot \frac{\sin \Delta x}{1 + \cos \Delta x} + \frac{\sin \Delta x}{\Delta x} \cdot \cos x$$

であり，$\Delta x \to 0$ のとき，

$$\frac{\sin \Delta x}{\Delta x} \to 1, \quad \frac{\sin \Delta x}{1 + \cos \Delta x} \to 0$$

であることから，$(\sin x)' = \cos x$ が得られる。

しかし，公式の重要性は，$\sin x$ の微分が，もう一つの三角関数 $\cos x$ になっている点である。つまり，$y = \sin x$ のグラフの点 $(x_0, \sin x_0)$ での接線傾きは，$\cos x_0$ となっていることを主張しているのである。

公式②については $\cos x$ の導関数が，$\sin x$ でなく，$-\sin x$，すなわち符号が負となっていることが注意点である。これは，$y = \cos x$ のグラフの変化に気をつけて，その接線の傾きの符号に注意すれば理解できよう。

また，三角関数同士の結びつきを示す定理として，$\sin(x + \frac{\pi}{2}) = \cos x$ があったことも思い出しておこう。このように，三角関数 $\sin x$ と $\cos x$ は，微分や平行移動等で互いに結びついている関数なのである。

要点 3

【タンジェントの微分公式】
$$(\tan x)' = \frac{1}{\cos^2 x}$$

解説 すでに，サインとコサインの微分公式を知っているので，タンジェントの微分公式は，商の微分公式からすぐに得られる。すなわち，

$$(\tan x)' = \left(\frac{\sin x}{\cos x}\right)' = \frac{(\sin x)' \cos x - \sin x (\cos x)'}{\cos^2 x}$$
$$= \frac{\cos^2 x + \sin^2 x}{\cos^2 x} = \frac{1}{\cos^2 x}$$

である。また，公式 $1 + \tan^2 x = \dfrac{1}{\cos^2 x}$ より，$(\tan x)' = \dfrac{1}{1 + \tan^2 x}$ でもある。

要点 4

【三角関数の積分公式】
① $\displaystyle\int \sin x \, dx = -\cos x + C$ ② $\displaystyle\int \cos x \, dx = \sin x + C$

解説 上の積分公式は，サインとコサインの微分公式から明らかである。タンジェントの積分に関しては，対数関数の知識を必要とするのでそこで扱う。

例題 1

次の極限値を求めよ。
(1) $\displaystyle\lim_{\theta \to 0} \frac{\sin 3\theta}{\theta}$ (2) $\displaystyle\lim_{\theta \to 0} \frac{\tan \theta}{\theta}$ (3) $\displaystyle\lim_{\theta \to 0} \frac{\tan 2\theta}{3\theta}$

6.1. 三角関数の微分積分

解答 (1) $\displaystyle\lim_{\theta\to 0}\frac{\sin 3\theta}{\theta} = \lim_{\theta\to 0}\frac{3\sin 3\theta}{3\theta} = 3\lim_{\theta\to 0}\frac{\sin 3\theta}{3\theta} = 3$

(2) $\displaystyle\lim_{\theta\to 0}\frac{\tan\theta}{\theta} = \lim_{\theta\to 0}\frac{\sin\theta}{\theta\cos\theta} = \lim_{\theta\to 0}\frac{\sin\theta}{\theta}\lim_{\theta\to 0}\frac{1}{\cos\theta} = 1$

(3) $\displaystyle\lim_{\theta\to 0}\frac{\tan 2\theta}{3\theta} = \lim_{\theta\to 0}\frac{2\tan 2\theta}{3\times 2\theta} = \frac{2}{3}\lim_{\theta\to 0}\frac{\tan 2\theta}{2\theta} = \frac{2}{3}$

例題 2

次の関数を微分せよ。
(1) $\sin 2x$ (2) $\cos 3x$ (3) $\tan 5x$

解答 (1) $(\sin 2x)' = (\cos 2x)\cdot (2x)' = 2\cos 2x$

(2) $(\cos 3x)' = (-\sin 3x)\cdot (3x)' = -3\sin 3x$

(3) $(\tan 5x)' = \left(\dfrac{1}{\cos^2 5x}\right)\cdot (5x)' = \dfrac{5}{\cos^2 5x}$

例題 3

次の積分を計算せよ。
(1) $\displaystyle\int \sin 2x\, dx$ (2) $\displaystyle\int \cos 3x\, dx$ (3) $\displaystyle\int \sin^2 x\, dx$

解答 (1) $t = 2x$ と置くと $dt = 2dx$ である。したがって, $\displaystyle\int \sin 2x\, dx$
$= \dfrac{1}{2}\displaystyle\int \sin t\, dt = -\dfrac{1}{2}\cos t + C = -\dfrac{1}{2}\cos 2x + C$

(2) $t = 3x$ と置くと $dt = 3dx$ である。したがって, $\displaystyle\int \cos 3x\, dx$
$= \dfrac{1}{3}\displaystyle\int \cos t\, dt = \dfrac{1}{3}\sin t + C = \dfrac{1}{3}\sin 3x + C$

(3) 2倍角公式より, $\sin^2 x = \dfrac{1}{2}(1-\cos 2x)$ である。したがって, $\displaystyle\int \sin^2 x\, dx$
$= \dfrac{1}{2}\displaystyle\int (1-\cos 2x)\, dx = \dfrac{1}{2}\left(x - \dfrac{1}{2}\sin 2x\right) + C = \dfrac{1}{2}x - \dfrac{1}{4}\sin 2x + C$

演習 6.1.1.

次の極限値を求めよ。
(1) $\displaystyle\lim_{\theta \to 0}\dfrac{\sin\theta}{3\theta}$ (2) $\displaystyle\lim_{\theta \to 0}\dfrac{\sin 5\theta}{2\theta}$ (3) $\displaystyle\lim_{\theta \to 0}\dfrac{\tan 3\theta}{-2\theta}$

演習 6.1.2.

次の関数を微分せよ。
(1) $\sin 5x$ (2) $\cos 7x$ (3) $\tan(\sqrt{2}\,x)$

演習 6.1.3.

次の積分を計算せよ。
(1) $\displaystyle\int \sin 5x\, dx$ (2) $\displaystyle\int \cos\dfrac{x}{2}\, dx$ (3) $\displaystyle\int \cos^2 x\, dx$

6.2 対数関数の微分積分

要点 1

【ネイピアの数 e】
$$e = \lim_{x \to \pm\infty}\left(1 + \dfrac{1}{x}\right)^x = \lim_{h \to 0}(1+h)^{\frac{1}{h}}$$

解説 理工学の数学において, 特に重要な数がネイピアの数と呼ばれ

6.2. 対数関数の微分積分

る e という数である。その値は約 2.718281828 で，無理数である。自然現象を説明するとき，この数が影響することが多い。なぜ，e が理工学において意味をもつのだろうか。その理由の一つに関数 e^x の微分がある。それは，要点 3 で解説する。

以下，$\log x$ という対数関数表示は底が e，すなわち，$\log_e x$ を表す。底が e の対数は**自然対数**と呼ばれる。

要点 2

【$\log x$ の微分公式】
$$(\log x)' = \frac{1}{x}$$

解説 x^n は微分すると，$(x^3)' = 3x^2$, $(x^2)' = 2x$, $(x)' = 1$, $(x^0)' = 0$, $\left(\dfrac{1}{x}\right)' = -\dfrac{1}{x}$, $\left(\dfrac{1}{x^2}\right)' = -\dfrac{2}{x^3}$, $\cdots$ というように，その次数が 1 ずつ下がっている。しかし，ある関数を微分して，$\dfrac{1}{x}$ となる関数は何だろうか。それが $\log x$ なのである。

微分の定義にしたがって，$\log x$ の微分を考えていこう。

$$\begin{aligned}(\log x)' &= \lim_{\Delta x \to 0} \frac{\log(x + \Delta x) - \log x}{\Delta x} = \lim_{\Delta x \to 0} \frac{\log \dfrac{x + \Delta x}{x}}{\Delta x} \\ &= \lim_{\Delta x \to 0} \frac{1}{\Delta x} \log \frac{x + \Delta x}{x} = \lim_{\Delta x \to 0} \log \left(1 + \frac{\Delta x}{x}\right)^{\frac{1}{\Delta x}}\end{aligned}$$

となる。ここで，$h = \dfrac{\Delta x}{x}$ とおくと，$\Delta x \to 0$ のとき $h \to 0$ であり，したがって，

$$(\log x)' = \lim_{h \to 0} \log(1 + h)^{\frac{1}{hx}} = \lim_{h \to 0} \frac{1}{x} \log(1 + h)^{\frac{1}{h}} = \frac{1}{x} \lim_{h \to 0} \log(1 + h)^{\frac{1}{h}}$$

である。$\lim_{h \to 0} (1+h)^{\frac{1}{h}} = e$ であったので，$\lim_{h \to 0} \log (1+h)^{\frac{1}{h}} = 1$ となり，したがって，$(\log x)' = \dfrac{1}{x}$ が得られる。

要点 3

【$\log x$ の積分公式】
① $\displaystyle \int \frac{1}{x}\,dx = \log |x| + C$ 　　② $\displaystyle \int \frac{f'(x)}{f(x)}\,dx = \log |f(x)| + C$
③ $\displaystyle \int \log x\,dx = x\log x - x + C$

解説　①に関しては，$(\log x)' = \dfrac{1}{x}$ であることからわかる。しかし，$\log x$ の真数 x が正でなくてはならないので，$\log |x| + C$ と，x は絶対値をとる。

②に関しても，合成関数の微分公式より，$(\log f(x))' = \dfrac{f'(x)}{f(x)}$ であることからわかる。

③は $\displaystyle \int \log x\,dx$ を $\displaystyle \int (\log x \cdot 1)\,dx$ と考えて，部分積分をすることで得られる。部分積分の公式は，$\displaystyle \int fg'\,dx = fg - \int f'g\,dx$ であり，$f = \log x$，$g' = 1$ と考えると，$f' = \dfrac{1}{x}$，$g = x$ であり，

$$\int (\log x \cdot 1)\,dx = \log x \cdot x - \int \left(\frac{1}{x}\cdot x\right)dx = x\log x - \int dx = x\log x - x + C$$

となる。

例題 1

次の関数を微分せよ。

(1) $\log 2x$ 　　(2) $\log x^2$

6.2. 対数関数の微分積分

解答 (1) $(\log 2x)' = \left(\dfrac{1}{2x}\right) \cdot (2x)' = \dfrac{1}{x}$

(2) $(\log x^2)' = \dfrac{(x^2)'}{x^2} = \dfrac{2x}{x^2} = \dfrac{2}{x}$

例題 2

次の積分を計算せよ。
(1) $\displaystyle\int \dfrac{2}{x}\,dx$ (2) $\displaystyle\int \dfrac{4x+2}{x^2+x}\,dx$ (3) $\displaystyle\int \log(2x)\,dx$

解答 (1) $\displaystyle\int \dfrac{2}{x}\,dx = 2\int \dfrac{1}{x}\,dx = 2\log|x| + C$

(2) $\displaystyle\int \dfrac{4x+2}{x^2+x}\,dx = 2\int \dfrac{2x+1}{x^2+x}\,dx = 2\log|x^2+x| + C$

(3) $t = 2x$ と置くと，$dt = 2dx$ であるので，$\displaystyle\int \log(2x)\,dx = \dfrac{1}{2}\int \log t\,dt$
$= \dfrac{1}{2}(t\log t - t) + C = \dfrac{1}{2}(2x\log(2x) - 2x) + C = x\log(2x) - x + C$

演習 6.2.1.

次の関数を微分せよ。

(1) $\log 5x$ (2) $\log(x^2 + 3x + 1)$

演習 6.2.2.

次の積分を計算せよ。
(1) $\displaystyle\int \dfrac{5}{x}\,dx$ (2) $\displaystyle\int \dfrac{2x^3+1}{x^4+2x}\,dx$ (3) $\displaystyle\int \log(3x)\,dx$

(4) $\displaystyle\int \tan x\,dx$

6.3 指数関数の微分積分

要点 1

【e^x の微分公式】

$$(e^x)' = e^x$$

解説 e^x の微分が e^x になるということは，数学の歴史上の大発見の 1 つといえるであろう。これは関数 $y = e^x$ のグラフ上の点 (a, e^a) での接線の傾きが，e^a であることを意味する。つまり，接線の傾きがその点の y 座標で与えられているのである。

e^x の微分公式は，対数関数の微分公式から得られる。以下にそれをみていこう。$y = e^x$ とおく。両辺の対数をとると，

$$\log y = \log e^x = x \log e = x$$

である。x を y の関数とみて y で微分すると，

$$\frac{dx}{dy} = (\log y)' = \frac{1}{y} = \frac{1}{e^x}$$

となる。よって，$\frac{dy}{dx} = e^x$ となる。

要点 2

【e^x の積分公式】

$$\int e^x \, dx = e^x + C$$

解説 $(e^x)' = e^x$ であることから明らかである。

6.3. 指数関数の微分積分

例題 1

次の関数を微分せよ。
(1) e^{2x}　　(2) 3^x

解答　(1) $(e^{2x})' = e^{2x}(2x)' = 2e^{2x}$

(2) $y = 3^x$ と置く。$\log y = \log 3^x = x \log 3$ である。合成関数の微分公式より，

$$\frac{d(\log y)}{dy} \cdot \frac{dy}{dx} = \frac{d(x \log 3)}{dx}$$

より，$\dfrac{1}{y} \cdot y' = \log 3$ を得る。したがって，$y' = y \log 3 = 3^x \log 3$ である。

例題 2

次の積分を計算せよ。
(1) $\displaystyle\int e^{3x}\, dx$　　(2) $\displaystyle\int xe^x\, dx$

解答　(1) $t = 3x$ と置くと $dt = 3dx$ である。よって，$\displaystyle\int e^{3x}\, dx = \dfrac{1}{3}\int e^t\, dt = \dfrac{1}{3}e^t + C = \dfrac{1}{3}e^{3x} + C$

(2) 部分積分の公式 $\displaystyle\int fg'\, dx = fg - \int f'g\, dx$ を使う。$f = x, g' = e^x$ と置くと，$f' = 1, g = e^x$ である。したがって，$\displaystyle\int xe^x\, dx = xe^x - \int e^x\, dx = xe^x - e^x - C$

演習 **6.3.1.**

次の関数を微分せよ。

(1) e^{3x} (2) 7^x (3) $e^x \log x$

演習 **6.3.2.**

次の積分を計算せよ。

(1) $\displaystyle\int e^{-x}\,dx$ (2) $\displaystyle\int xe^{2x}\,dx$ (3) $\displaystyle\int 5^x\,dx$

6.4　変数分離形の微分方程式

指数関数と対数関数の微分積分が理解できると，変数分離形と呼ばれる微分方程式を扱うことができる。このタイプの微分方程式は，物理を学ぶ上でも基本的なものであり，重要である。

要点

x の関数 $f(x)$ と y の関数 $g(y)$ に対して，微分方程式
$$\frac{dy}{dx} = f(x)g(y)$$
を **変数分離形** という。

解説　この方程式は形式的に，
$$\frac{1}{g(y)}\,dy = f(x)\,dx$$
と変数を分離させ，その後
$$\int \frac{1}{g(y)}\,dy = \int f(x)\,dx$$

のように，左辺は y に関する積分，右辺は x に関する積分をそれぞれ行って，一般解を求めるのである．

例題 1

微分方程式 $\dfrac{dy}{dx} = \dfrac{3y}{2x}$ の一般解を求めよ．

解答 この微分方程式は変数分離形である．したがって，変数を分離させ，$\displaystyle\int \dfrac{1}{y}\, dy = \dfrac{3}{2} \int \dfrac{1}{x}\, dx$ を解けばよい．

$$\int \dfrac{1}{y}\, dy = \dfrac{3}{2} \int \dfrac{1}{x}\, dx \Rightarrow \log|y| = \dfrac{3}{2} \log|x| + C_0 \quad (C_0 \text{ は任意定数})$$

$$\Rightarrow \log|y| - \dfrac{3}{2} \log|x| = C_0 \Rightarrow \log|y| - \log|x|^{\frac{3}{2}} = C_0$$

$$\Rightarrow \log \dfrac{|y|}{|x|^{\frac{3}{2}}} = C_0 \Rightarrow \dfrac{|y|}{|x|^{\frac{3}{2}}} = e^{C_0}$$

ここで，$C = \pm e^{C_0}$ とおくと，$\dfrac{y}{x^{\frac{3}{2}}} = C$，すなわち $y = Cx\sqrt{x}$ を得る（C は任意定数）．

例題 2

微分方程式 $\dfrac{dy}{dx} = -\dfrac{4y}{x}$ （初期条件：$x = 1, y = 2$）を解け．

解答 まず，一般解を求める。

$$\frac{dy}{dx} = -\frac{4y}{x} \quad \Rightarrow \quad \int \frac{1}{y}\, dy = -4 \int \frac{1}{x}\, dx$$

$$\Rightarrow \quad \log|y| = -4\log|x| + C_0 \quad (C_0 \text{ は任意定数})$$

$$\Rightarrow \quad \log|y| + 4\log|x| = C_0 \quad \Rightarrow \quad \log|y| + \log|x|^4 = C_0$$

$$\Rightarrow \quad \log|y||x|^4 = C_0 \quad \Rightarrow \quad |y||x|^4 = e^{C_0}$$

ここで，$C = \pm e^{C_0}$ とおくと，$yx^4 = C$，すなわち，一般解は $y = \dfrac{C}{x^4}$ である。初期条件 $x=1, y=2$ を一般解に代入して，$2 = \dfrac{C}{1^4}$ より，$C = 2$ が得られる。したがって，解は，$y = \dfrac{2}{x^4}$ である。

演習 6.4.1.

次の微分方程式の一般解を求めよ。
(1) $\dfrac{dy}{dx} = \dfrac{y-1}{x-1}$ (2) $\dfrac{dy}{dx} = \dfrac{2x}{y-1}$

演習 6.4.2.

次の微分方程式を解け。
(1) $\dfrac{dy}{dx} = \dfrac{y-1}{x-1}$ （初期条件：$x=0, y=0$）

(2) $\dfrac{dy}{dx} = \dfrac{2x}{y-1}$ （初期条件：$x=1, y=2$）

6.5　1階線形微分方程式

✏️要点

微分方程式
$$y' + p(x)y = q(x) \tag{6.1}$$

を **1階線形微分方程式**といい，この一般解は，

$$y = e^{-\int p(x)\,dx}\left(\int q(x)e^{\int p(x)\,dx} + C\right) \quad (C\text{ は任意定数}) \tag{6.2}$$

である。

解説　一般解の公式を証明しよう。まず，微分方程式 (6.1) の両辺に，$e^{\int p(x)dx}$ を掛ける。すると，

$$y'e^{\int p(x)dx} + p(x)ye^{\int p(x)dx} = q(x)e^{\int p(x)dx}$$

となる。一方，

$$\frac{d}{dx}\left(ye^{\int p(x)dx}\right) = y'e^{\int p(x)dx} + yp(x)e^{\int p(x)dx}$$

を使うことで，

$$\frac{d}{dx}\left(ye^{\int p(x)dx}\right) = q(x)e^{\int p(x)dx}$$

が得られる。両辺を積分して，

$$ye^{\int p(x)dx} = \int q(x)e^{\int p(x)dx}\,dx + C$$

すなわち，$y = e^{-\int p(x)\,dx}\left(\int q(x)e^{\int p(x)\,dx} + C\right)$ である。

例題

微分方程式 $y' + \dfrac{1}{x}y = -x$ の一般解を求めよ。

解答 $p(x) = \dfrac{1}{x}$ であるので，

$$\int p(x)dx = \int \frac{1}{x}\,dx = \log|x|$$

である。よって，$e^{\int p(x)dx} = |x|$，$e^{-\int p(x)dx} = \dfrac{1}{|x|}$ である。また，$q(x) = -x$ であり，$x > 0$ のとき $|x| = x$，$x < 0$ のとき $|x| = -x$ であるが，いずれの場合も

$$e^{-\int p(x)dx}\int q(x)e^{\int p(x)dx}dx = \frac{1}{|x|}\int(-x)e^{\log|x|}dx$$

$$= -\frac{1}{|x|}\int x^2 dx = \frac{1}{x}\left(-\frac{x^3}{3} + C\right)$$

となる。したがって，一般解は，

$$y = \frac{1}{x}\left(-\frac{x^3}{3} + C\right) = -\frac{x^2}{3} + \frac{C}{x}$$

注意

$p(x)$ の不定積分が，$\int p(x)\,dx = \log|f(x)|$ というように，対数関数となる場合では，計算の途中で絶対値はいらなくなる。したがって，この場合は，最初から，$\int p(x)\,dx = \log f(x)$ と絶対値は外した形でも構わない。

演習 **6.5.1.**

次の微分方程式の一般解を求めよ．
(1) $y' - \dfrac{2}{x}y = 2x^3$ (2) $y' + \dfrac{1}{x}y = e^x$

6.6 第 6 章のポイントを振り返る

第 6 章の内容のポイントを問題形式で振り返ろう．

問題 1. a, b を 0 でない定数として，次の極限値を求めてみよう．
(1) $\displaystyle\lim_{\theta \to 0} \dfrac{b\theta}{\cos a\theta}$ (2) $\displaystyle\lim_{\theta \to 0} \dfrac{\sin a\theta}{b\theta}$ (3) $\displaystyle\lim_{\theta \to 0} \dfrac{\tan a\theta}{b\theta}$

問題 2. a, b, c を 0 でない定数として，次の関数を微分してみよう．
(1) $\sin ax$ (2) $\cos ax$ (3) $\tan ax$ (4) $\sin^2 ax$
(5) $\log ax$ (6) $\log(ax^2 + bx + c)$ (7) e^{ax} (8) a^x

問題 3. a を 0 でない定数として，次の積分を計算してみよう．
(1) $\displaystyle\int \sin ax \, dx$ (2) $\displaystyle\int \cos ax \, dx$
(3) $\displaystyle\int \sin^2 ax \, dx$ (4) $\displaystyle\int \cos^2 ax \, dx$
(5) $\displaystyle\int \dfrac{a}{x} \, dx$ (6) $\displaystyle\int \log(ax) \, dx$
(7) $\displaystyle\int \tan ax \, dx$ (8) $\displaystyle\int e^{ax} \, dx$
(9) $\displaystyle\int ax e^{bx} \, dx$

問題 4. 微分方程式 $\dfrac{dy}{dx} = \dfrac{y-5}{x-1}$ （初期条件：$x=0, y=0$）を解いてみよう。

問題 5. 次の微分方程式の一般解を求めてみよう。

(1) $y' + \dfrac{5}{x}y = x^2$

(2) $y' - \dfrac{2}{x}y = x^3 e^{x^2}$

第7章　初等超越関数を扱った物理

この章で扱う項目は，等速円運動，RL 回路，交流回路，放射性崩壊である。いずれも物理の入門書の中に登場する基本的な物理現象である。これらの現象は前章で扱った微分方程式と結びついている。このことから，解である初等関数の物理的意味を実感していただきたい。

【古典電磁気学の確立者】
ジェームズ・クラーク・マクスウェル（James Clerk Maxwell, 1831–1879 年）：イギリスの理論物理学者。マクスウェルは力線を電気の作用が流れる管としてモデル化し，数学的理論をつくった。最終的には，電磁気に関する 8 つの運動方程式を導いて古典電磁気学を確立した。また，それまでの経験的知識にはなかった回転とポテンシャル，そして場というアイディアを提示した。その後，電磁気学は大きく発展し，同時に社会も急速に近代化していった。

7.1 等速円運動

要点

質点 P が，xy 平面上の原点 O を中心とする半径 r の円周上を回転しているとき，単位時間当たりの回転角の変化率のことを**角速度**といい，記号 ω（オメガ）で表す。特に ω が一定である円運動を**等速円運動**という。

例題 1

質点 P が，xy 平面上の原点 O を中心とする半径 r の円周上を，$(x,y) = (r,0)$ の地点から，角速度 ω で反時計回りに等速円運動している。このとき，質点 P の t 秒後の位置 (x,y) を求めよ。

解答 質点 P の位置 (x,y) の角を θ とすると，$x = r\cos\theta, y = r\sin\theta$ である。一方，ω の定義より $\theta = \omega t$ である。したがって，

$$x = r\cos\omega t, \quad y = r\sin\omega t$$

を得る。

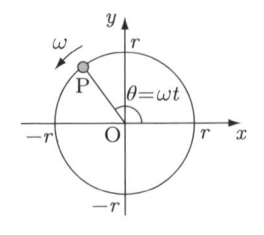

例題 2

例題1と同じ状況の下で，質点Pのt秒後の速度vのx成分v_xとy成分v_yをそれぞれ求めよ。また，vの大きさ$|v|$も求めよ。

解答 質点Pのt秒後の速度を求めるには，Pの位置関数$x(t), y(t)$をそれぞれ時間tで微分すればよい。rとωはどちらも定数であることに注意してそれぞれtで微分すると，

$$v_x = \frac{dx}{dt} = \frac{d}{dt}(r\cos\omega t) = -r\omega\sin\omega t$$
$$v_y = \frac{dy}{dt} = \frac{d}{dt}(r\sin\omega t) = r\omega\cos\omega t$$

となる。

vの大きさ$|v|$は，

$$|v| = \sqrt{v_x^2 + v_y^2} = \sqrt{(rw)^2\left(\sin^2\omega t + \cos^2\omega t\right)} = r\omega$$

演習 **7.1.1.**

例題1と同じ状況の下で，質点Pのt秒後の加速度aについて，次の問いに答えよ。

(1) aのx成分a_xとy成分a_yをそれぞれ求めよ。

(2) aの大きさ$|a|$も求めよ。

(3) aは原点の方向を向いていることを示せ。

注意

上の演習問題にあるように，円運動をしている質点 P の加速度の方向は，円の中心に向いている。この意味で，この加速度を**向心加速度**という。質点 P の質量を m とすると，円の中心に向かって働いている力は，m にここで得られた向心加速度をかけたものとなる。円の中心に向かって働いているこの力を，**向心力**という。

演習 7.1.2.

質点 P が，xy 平面上の原点 O を中心とする半径 $r = 10$ cm の円周上を，$(x,y) = (10,0)$ の位置から角速度 $\omega = \dfrac{\pi}{6}$ rad/(sec) で反時計回りに等速円運動しているとき，次の問いに答えよ。

(1) 質点 P の t 秒後の位置 (x,y) を求めよ。

(2) 質点 P の t 秒後の速度 v の x 成分 v_x と y 成分 v_y をそれぞれ求めよ。

(3) 質点 P の t 秒後の加速度 a の x 成分 a_x と y 成分 a_y をそれぞれ求めよ。

7.2 RL回路

要点1

【インダクタンス】
　一つの電気回路において，その途中がコイルになって，さらに流れる電流が変化する場合には，電流 I と電圧 V の間には，
$$V = -L\frac{dI}{dt}$$
となる関係がある。比例定数 L をそのコイルの**インダクタンス**という。

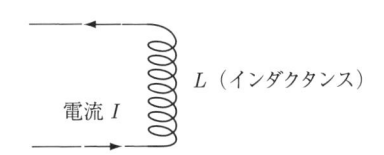

電流 I 　　L（インダクタンス）

要点2

【RL回路】
　次の図のように，抵抗 R とインダクタンス L のコイルをもつ回路を，RL回路という。RL回路において，コイルに流れる電流 $I(t)$ と電圧 $V(t)$ の間には，1階線形微分方程式
$$L\frac{dI(t)}{dt} + RI(t) = V(t) \tag{7.1}$$
が成り立つ。

RL 回路

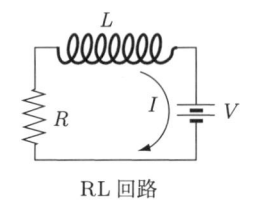

解説 キルヒホフの電圧の法則とは，

「閉回路のまわりの電圧降下数の代数的総和は 0」

というものである。そして，電圧降下に関して，RL 回路の力学では，次のことが仮定されている。

(仮定 1) 抵抗 R (単位はオーム Ω) の抵抗器により，熱によりエネルギーを消散し，電流 I (単位はアンペア A) が流れるのを妨げる。このとき，生じる電圧降下 V_R (単位はボルト V) は，オームの法則により，

$$V_R = RI \tag{7.2}$$

となる。

(仮定 2) インダクタンス L (単位はヘンリー H) のコイルにおいて，生じる電圧降下 V_L は，

$$V_L = L\frac{dI}{dt} \tag{7.3}$$

で与えられる。

以上のことから，起電力を V とすると，RL 回路におけるキルヒホフの法則は，

$$V_R + V_L - V = 0 \tag{7.4}$$

を意味する。式 (7.2) と (7.3) により，1 階線形微分方程式 $L\dfrac{dI}{dt} + RI = V$ が得られる。

7.2. RL 回路

例題

6.0 Ω の抵抗 R, インダクタンス L が 2.0 H のコイルを直列に連結した RL 回路に, 一定の電圧 $V = 20$ V をかけたとき, 電流 $I(t)$ を求めよ。さらに $I(t)$ の上限も求めよ。ただし, 初期条件は $t = 0, I = 0$ とせよ。

解答 式 (7.1) より, $2\dfrac{dI}{dt} + 6I = 20$ を得るので, I に関する 1 階線形微分方程式

$$\frac{dI}{dt} + 3I = 10 \quad (初期条件：t = 0, I = 0)$$

を得る。$p = 3, q = 10$ とおくと,

$$\int p\, dt = 3t, \quad e^{-\int p\, dt} = e^{-3t},$$

$$\int q e^{\int p\, dt} = 10 \int e^{3t}\, dt = \frac{10}{3} e^{3t}$$

である。したがって,

$$I = e^{-3t}\left(\frac{10}{3} e^{3t} + C\right) = \frac{10}{3} + C e^{-3t} \quad (C は任意定数)$$

である。初期条件 $t = 0, I = 0$ より, $C = -\dfrac{10}{3}$ である。よって,

$$I = \frac{10}{3}\left(1 - e^{-3t}\right)$$

である。したがって, I の上限は $\dfrac{10}{3}$ である。

$$I = \frac{10}{3}(1 - e^{-3t})$$

(グラフ: I は $\frac{10}{3}$ に漸近)

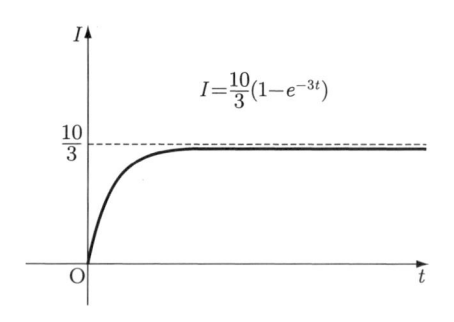

演習 7.2.1.

2.0 Ω の抵抗 R，インダクタンス L が 1.0 H のコイルを直列に連結した RL 回路に，一定の電圧 $V = 40$ V をかけたとき，電流 $I(t)$ を求め，さらに $I(t)$ の上限も求めよ。ただし，初期条件は $t = 0, I = 0$ とせよ。

7.3 交流回路

要点

【交流の発生】

一様な磁界の中でコイルを一定の角速度 ω で回転させると，コイルには V_0 を最大値として，

$$V = V_0 \sin(\omega t + \varphi_0) \tag{7.5}$$

の電圧が発生する。この交流回路の場合，ω を**角周波数**，φ_0 を初期位相と呼ぶ。

> **注意** $n = \dfrac{\omega}{2\pi}$ を周波数といい，単位は Hz（ヘルツ）が使われる．

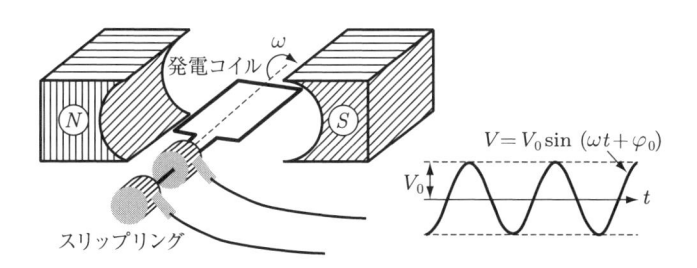

$V = V_0 \sin(\omega t + \varphi_0)$

例題

$6.0\,\Omega$ の抵抗 R，$2.0\,\mathrm{H}$ のインダクタンス L のコイルを直列に連結した RL 回路に，$10\,\mathrm{Hz}$ の周波数，$V_0 = 20\,\mathrm{V}$ の交流電圧をかけたとき，電流 $I(t)$ を求めよ．

解答 式 (7.1) と (7.5) より，$2\dfrac{dI}{dt} + 6I = 20\sin\omega t$ を得るので，I に関する 1 階線形微分方程式

$$\frac{dI}{dt} + 3I = 10\sin\omega t$$

を得る．計算を見やすくするために $\omega\,(= 20\pi)$ はあえて数値を代入しないでおく．$p = 3,\ q = 10\sin\omega t$ とおくと，

$$\int p\,dt = 3t, \quad e^{-\int p\,dt} = e^{-3t},$$
$$\int q e^{\int p\,dt}\,dt = 10\int e^{3t}\sin\omega t\,dt$$

最後の積分については，部分積分を 2 回実行すると，

$$\int e^{3t} \sin\omega t\, dt = \frac{1}{3}e^{3t}\sin\omega t - \frac{\omega}{3}\int e^{3t}\cos\omega t\, dt$$
$$= \frac{1}{3}e^{3t}\sin\omega t - \frac{\omega}{3}\left\{\frac{1}{3}e^{3t}\cos\omega t + \frac{\omega}{3}\int e^{3t}\sin\omega t\, dt\right\}$$

であるので，

$$\frac{\omega^2+9}{9}\int e^{3t}\sin\omega t\, dt = \frac{1}{3}e^{3t}\sin\omega t - \frac{\omega}{9}e^{3t}\cos\omega t$$

を得る。したがって，三角関数の合成公式

$$a\sin\omega t - b\cos\omega t = \sqrt{a^2+b^2}\,\sin(\omega t - \alpha)$$

（ただし，$\cos\alpha = \dfrac{a}{\sqrt{a^2+b^2}}, \sin\alpha = \dfrac{b}{\sqrt{a^2+b^2}}$）を用いると，

$$\int e^{3t}\sin\omega t\, dt = \frac{3e^{3t}}{\omega^2+9}\left(\sin\omega t - \frac{\omega}{3}\cos\omega t\right)$$
$$= \frac{e^{3t}}{\sqrt{\omega^2+9}}\sin(\omega t - \alpha)$$

である。ここで，α は，$\omega = 20\pi$ より $\cos\alpha = \dfrac{3}{\sqrt{\omega^2+9}} = 0.048$，$\sin\alpha = \dfrac{\omega}{\sqrt{\omega^2+9}} = 0.999$ であるので，約 $87°$ である。$I = e^{\int p\,dt}\left(\int qe^{\int p\,dt} + C\right)$ であったので，

$$I = \frac{10}{\sqrt{400\pi^2+9}}\sin(40\pi t - \alpha) + Ce^{-3t} \quad (C \text{ は任意定数})$$

となる。

注意 前の例題で得た解

$$I = \frac{10}{\sqrt{400\pi^2 + 9}} \sin(40\pi t - \alpha) + Ce^{-3t}$$

において，前半部 $\frac{1}{\sqrt{400\pi^2 + 9}} \sin(40\pi t - \alpha)$ は**定常的な解**であり，後半部 Ce^{-3t} は減衰振動を表している。つまり，後半部は $t \to \infty$ で 0 に近づく。物理の入門書では減衰振動部は無視して議論されることが多い。

演習 7.3.1.

$2\,\Omega$ の抵抗 R，インダクタンス L が $1\,\mathrm{H}$ のコイルを直列に連結した RL 回路に，$20\,\mathrm{Hz}$，$V_0 = 50\,\mathrm{V}$ の交流電圧をかけたとき，電流 $I(t)$ を求めよ。

演習 7.3.2.

抵抗 R，インダクタンス L のコイルを直列に連結した RL 回路に，角周波数 ω，最高電圧 V_0 の交流電圧をかけたとき，電流 $I(t)$ の定常解は，$I = \frac{V_0}{\sqrt{R^2 + (\omega L)^2}} \sin(\omega t - \alpha)$ となることを示せ。
ただし，$\cos \alpha = \frac{R}{\sqrt{R^2 + (\omega L)^2}}$, $\sin \alpha = \frac{\omega L}{\sqrt{R^2 + (\omega L)^2}}$

注意 $Z = \sqrt{R^2 + (\omega L)^2}$ を回路の**インピーダンス**という。

7.4 放射性崩壊

要点 1

【崩壊の法則】

ある時間 t の原子核の数（原子数）を N とするとき，

$$\frac{dN}{dt} = -kN \tag{7.6}$$

が成り立つ。ただし，k は正の定数である。

解説　「時刻 t における原子数の崩壊率は，そのときの原子数に比例する」という上の微分方程式 (7.6) を発見したのは，イギリスの実験物理学者ラザフォード（1871〜1937 年）であった。

正の定数 k は物質に依存する量である。k の値は，現在の原子数の半分になるまでの時間 τ（タウ）により決定される。τ を**半減期**という。

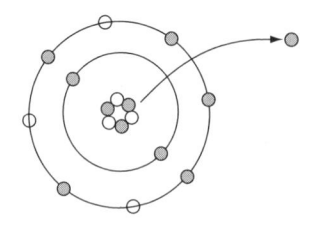

例題

崩壊の法則における正の定数 k を半減期 τ で表すと，

$$k = \frac{\log 2}{\tau} \tag{7.7}$$

となることを示せ。

解答 初期条件を $(t=0, N=N_0)$ として微分方程式 (7.6) を解くことで，(7.7) が得られることを以下に示す。

$$\int \frac{1}{N} dN = -k \int dt \Rightarrow \log N = -kt + C_0 \quad (C_0 \text{ は任意定数})$$

$$\Rightarrow N = e^{-kt+C_0} \Rightarrow N = e^{C_0} e^{-kt}$$

である。$C = e^{C_0}$ とおくと，$N = Ce^{-kt}$ となる。初期条件 $(t=0, N=N_0)$ より，$C = N_0$ であるので，$N = N_0 e^{-kt}$ となる。半減期の定義より，$t = \tau$ のとき $N = \dfrac{N_0}{2}$ であるので，

$$\frac{N_0}{2} = N_0 e^{-k\tau}$$

である。したがって，$k = \dfrac{\log 2}{\tau}$ を得る。

演習 7.4.1.

$N_0 = 1.0 \times 10^{20}$ 個のラジウムの原子核がある。$k = 8.2 \times 10^{-10}$ /min として，1.0 秒間に崩壊するラジウムの原子数について，次の問いに答えよ。

(1) 微分方程式をたて，それを解いて，崩壊するラジウムの原子数を求めよ。

(2) 微分方程式の微分 dN と dt を増分 ΔN と Δt でそれぞれ近似して，崩壊するラジウムの原子数を簡単な計算で求めよ。

7.5 第 7 章のポイントを振り返る

第 7 章の内容のポイントを問題形式で振り返ろう。

問題 1. 角速度とはどういうものであったか述べてみよう。

問題 2. 質点 P が等速円運動を行っているとき，P の時間 t における位置 $(x(t), y(t))$，速度 (v_x, v_y)，加速度 (a_x, a_y) の式をそれぞれ導出してみよう。

問題 3. RL 回路の微分方程式を思い出そう。さらに，その解法についても考えてみよう。

問題 4. RL 回路に交流電流を流したときの微分方程式を思い出そう。さらに，その解法についても考えてみよう。

問題 5. 放射性崩壊の微分方程式を思い出そう。そのとき，定数 k と半減期 τ の関係式も思い出そう。

第8章　定積分の応用

　定積分の応用として，曲線で囲まれた面積，曲線の長さ，回転体の体積，回転面の面積を扱う。数学的な議論としては厳密性に欠けるが，おおまかな考え方は，微小面積 dA や微小長さ dl，微小体積 dv などを積分することで目的の量が計算可能となる。このような微小〇〇という概念でもよいことが，微分積分の結論のシンプルさでもあり，視覚的にも理解しやすい。

【19 世紀の大数学者】
ゲオルク・フリードリヒ・ベルンハルト・リーマン（Georg Friedrich Bernhard Riemann, 1826–1866 年）：ドイツの数学者。19 世紀を代表する大数学者で解析学，幾何学，数論の分野で数々の偉大な業績を残している。微分積分においてはリーマン和（区分求積法）によるリーマン積分の概念を提示した。本書で扱っている定積分はリーマン積分である。素数の研究に重要なゼータ (ζ) 関数に関するリーマン予想は，クレイ数学研究所のミレニアム懸賞問題（懸賞金 100 万ドル）となっている。

8.1 関数がつくる図形の面積

要点 1

【関数がつくる図形の面積】

曲線 $y = f(x)$ と x 軸および $x = a, x = b$ $(a \leqq b)$ で囲まれた面積 A を,

$$A = \int_a^b |f(x)| dx$$

と定める。

解説 第 3 章の定積分の考え方の節で述べたように, 定積分は $f(x)$ と微分 dx との積 $f(x)dx$ の（極限）和で, $\int_a^b f(x)dx$ であった。もし, 区間 $[a,b]$ で $f(x) \geqq 0$ であれば, 明らかに, $\int_a^b f(x)dx \geqq 0$ になり, これが面積 A を与える。

この考え方を応用すれば, もし, 区間 $[a,b]$ で $f(x) \leqq 0$ であれば, $\int_a^b f(x)dx \leqq 0$ になるので, 面積 A は, $-\int_a^b f(x)dx$ とすればよい。

これらのことから, 符号に関係しない面積の定義が $\int_a^b |f(x)|dx$ なのである。

注意 【微小面積】

$dA = |f(x)|dx$ という記号を導入して，dA を，**微小面積**と呼ぼう。つまり，考えている領域 D の面積は，微小面積 dA の総和 $\int_D dA$ であり，dA がどのようなものになっているか，その状況に応じて考えればよいことになる。

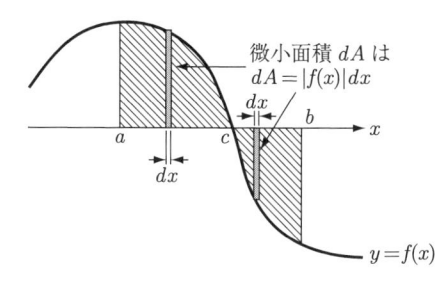

$$A = \int_a^b |f(x)|dx = \int_a^c f(x)dx - \int_c^b f(x)dx$$

/要点 2

【2 つの曲線に囲まれた図形の面積】

曲線 $y = f(x)$ と曲線 $y = g(x)$ 軸および $x = a, x = b$ $(a \leqq b)$ で囲まれた図形の面積 A は，

$$A = \int_a^b |(f(x) - g(x)|dx$$

である。

解説 上の注意で述べたように，$A = \int_D dA$ であり，次の図より，微小面積 $dA = |f(x) - g(x)|dx$ であることはすぐ分かる。

第 8 章　定積分の応用

微小面積 dA は
$dA = |f(x) - g(x)| dx$

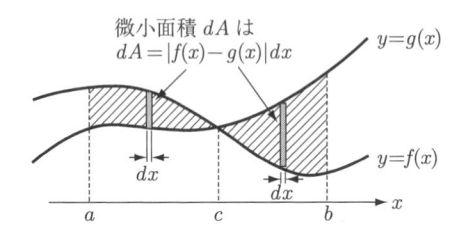

$$A = \int_a^b |f(x) - g(x)| dx$$
$$= \int_a^c (f(x) - g(x)) dx + \int_c^b (g(x) - f(x)) dx$$

例題 1

曲線 $y = x^3$ と x 軸および $x = -1, x = 2$ で囲まれた面積 A を求めよ。

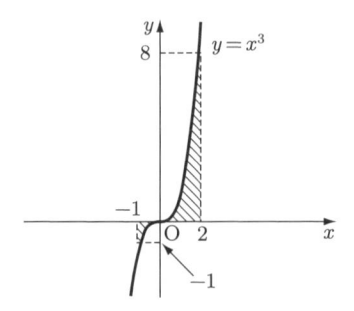

解答 区間 $[-1, 0]$ で $x^3 \leqq 0$ であることに注意する。
$$A = \int_{-1}^{2} |x^3| dx = -\int_{-1}^{0} x^3 dx + \int_{0}^{2} x^3 dx$$
$$= -\left[\frac{1}{4}x^4\right]_{-1}^{0} + \left[\frac{1}{4}x^4\right]_{0}^{2} = \frac{1}{4} + \frac{16}{4} = \frac{17}{4}$$

例題 2

曲線 $y = x$ と曲線 $y = x^2$ および $x = -1, x = 1$ で囲まれた面積 A を求めよ。

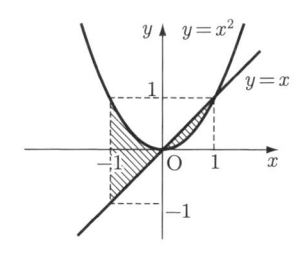

解答 図より $A = 1$ は明らかであるが，一応計算しよう。区間 $[-1, 0]$ では $x \leqq x^2$，区間 $[0, 1]$ では $x^2 \leqq x$ であることに注意する。
$$A = \int_{-1}^{1} |x - x^2| dx = \int_{-1}^{0} (x^2 - x) dx + \int_{0}^{1} (x - x^2) dx$$
$$= \left[\frac{1}{3}x^3 - \frac{1}{2}x^2\right]_{-1}^{0} + \left[\frac{1}{2}x^2 - \frac{1}{3}x^3\right]_{0}^{1} = \frac{5}{6} + \frac{1}{6} = 1$$

例題 3

2 つの曲線 $y = x^2$ と $y = -x^2 + 2$ で囲まれた部分の面積 A を求めよ。

解答 グラフより，2 つの曲線は $x=-1$ と $x=1$ で交わり，区間 $[-1,1]$ で，つねに $-x^2+2 \geqq x^2$ である。したがって，

$$A = \int_{-1}^{1} |-(x^2+2)-x^2|dx = \int_{-1}^{1}(-2x^2+2)dx = \left[-\frac{2}{3}x^3+2x\right]_{-1}^{1} = \frac{8}{3}$$

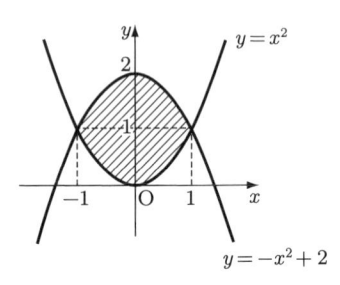

$$A = 4\left\{1-\int_{0}^{1}x^2 dx\right\} = \frac{8}{3} \text{ と計算してもよい。}$$

演習 8.1.1.

次の面積を求めよ。

(1) 曲線 $y=x^5$ と x 軸および $x=-1, x=2$ で囲まれた面積 A

(2) 曲線 $y=x^3$ と曲線 $y=x^2$ および $x=-1, x=1$ で囲まれた面積 A

演習 8.1.2.

次の 2 つの曲線で囲まれた図形の面積 A を求めよ。

(1) $y=x^2-3,\ y=x+3$ 　　(2) $y=3x-x^2,\ y=x-3$

8.2 極座標表示の図形の面積

要点

【極座標で与えられた図形の面積】

極座標表示の曲線 $r = f(\theta)$ について，動径 $\theta = \alpha, \theta = \beta\ (\alpha \leqq \beta)$ と曲線 $r = f(\theta)$ で囲まれた面積 A は，

$$A = \frac{1}{2}\int_\alpha^\beta \{f(\theta)\}^2 d\theta$$

である。

解説 図より，微小面積 $dA = \dfrac{1}{2}r^2 d\theta = \dfrac{1}{2}\{f(\theta)\}^2 d\theta$ である。したがって，$A = \dfrac{1}{2}\displaystyle\int_\alpha^\beta \{f(\theta)\}^2 d\theta$ が得られる。

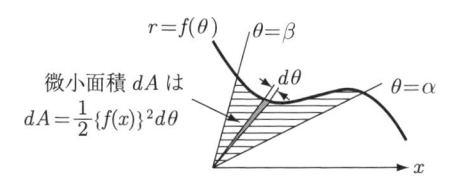

例題

極座標表示の曲線 $r = a(1 + \cos\theta)\ (0 \leqq \theta \leqq 2\pi)$ で囲まれた面積 A を求めよ。ただし，a は正の定数とする。

参考：この曲線 $r = a(1 + \cos\theta)$ はカージオイド（心臓形）と呼ばれる。

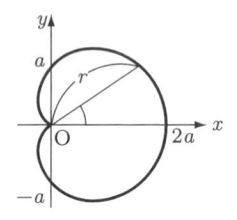

解答 この図形は，$0 \leqq \theta \leqq \pi$ の部分と，$\pi \leqq \theta \leqq 2\pi$ の部分が対称であることに注意する。

$$A = 2 \cdot \frac{1}{2} \int_0^\pi \{a(1+\cos\theta)\}^2 d\theta = a^2 \int_0^\pi (1 + 2\cos\theta + \cos^2\theta) d\theta$$

$$= a^2 \int_0^\pi \left\{ 1 + 2\cos\theta + \frac{1}{2}(1 + \cos 2\theta) \right\} d\theta$$

$$= a^2 \left[\frac{3}{2}\theta + 2\sin\theta + \frac{1}{4}\sin 2\theta \right]_0^\pi = \frac{3}{2}\pi a^2$$

演習 8.2.1.

次の面積を求めよ。

(1) 極座標表示の曲線 $r = 2\theta$ $(0 \leqq \theta < \pi)$ と直線 $\theta = 0$ で囲まれた面積 A

(2) 極座標表示の曲線 $r = a\cos\theta$ $(a > 0, 0 \leqq \theta \leqq \pi)$ と直線 $\theta = \pi$ で囲まれた面積 A

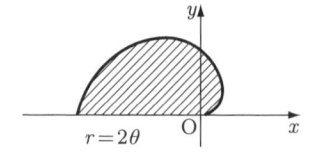

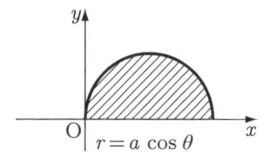

8.3 曲線の長さ

要点 1

【曲線の長さ】

平面上の曲線 $y = f(x)$ の $x = a$ から $x = b$ に対応する長さ l は，

$$l = \int_a^b \sqrt{1 + \{f'(x)\}^2}\, dx$$

で与えられる。

解説 区間 $[a, b]$ を n 個の小区間に等分割し，各小区間の微小幅を dx，その分点を左から

$$a = x_0, x_1, x_2, \cdots, x_k, \cdots, x_n = b$$

とする。曲線 $y = f(x)$ の点 $(x_k, f(x_k))$ での接線を考え，幅 dx に対応する接線の長さを Δl_k とすると，三平方の定理より，

$$\Delta l_k = \sqrt{\{dx_k\}^2 + \{dy_k\}^2} = \sqrt{1 + \left(\frac{dy_k}{dx_k}\right)^2}\, dx$$

である。よって，Δl_k の $[a, b]$ での総和

$$\sum_{k=1}^n \sqrt{1 + \left(\frac{dy_k}{dx_k}\right)^2}\, dx$$

を考え，$n \to \infty$ とすると，

$$l = \int_a^b \sqrt{1 + \left(\frac{dy}{dx}\right)^2}\, dx = \int_a^b \sqrt{1 + \{f'(x)\}^2}\, dx$$

となる。

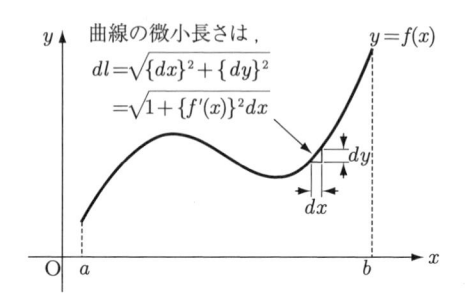

曲線の微小長さは，
$dl = \sqrt{\{dx\}^2 + \{dy\}^2}$
$= \sqrt{1 + \{f'(x)\}^2} dx$

要点 2

【パラメータ曲線の長さ】

平面上の曲線 $x = f(t), y = g(t)$ の $t = \alpha$ から $t = \beta$ の間の長さ l は，

$$l = \int_\alpha^\beta \sqrt{\{f'(t)\}^2 + \{g'(t)\}^2}\, dt$$

で与えられる。

解説 $a = f(\alpha), b = f(\beta)$ とする。要点 1 で解説したように，

$$l = \int_a^b \sqrt{1 + \left\{\frac{dy}{dx}\right\}^2}\, dx = \int_a^b \sqrt{\{dx\}^2 + \{dy\}^2}$$

である。一方，$dx = f'(t)dt, dy = g'(t)dt$ であるので，

$$l = \int_a^b \sqrt{\{dx\}^2 + \{dy\}^2} = \int_\alpha^\beta \sqrt{\{f'(t)\}^2 + \{g'(t)\}^2}\, dt$$

となる。

要点 3

【極座標での曲線の長さ】

平面上の曲線 $r = f(\theta)$ の $\theta = \alpha$ から $t = \beta$ の間の長さ l は，

$$l = \int_\alpha^\beta \sqrt{r^2 + (r')^2}\, d\theta$$

で与えられる。

解説 $a = f(\alpha)\cos\alpha$, $b = f(\beta)\cos\beta$ と置く。やはり，要点 1 で解説したように，

$$l = \int_a^b \sqrt{1 + \left\{\frac{dy}{dx}\right\}^2}\, dx = \int_a^b \sqrt{\{dx\}^2 + \{dy\}^2}$$

である。さらに，$x = r\cos\theta$, $y = r\sin\theta$ より，

$$dx = (r'\cos\theta - r\sin\theta)d\theta, \quad dy = (r'\sin\theta + r\cos\theta)d\theta$$

であるから，

$$\{dx\}^2 + \{dy\}^2 = (r'\cos\theta - r\sin\theta)^2\{d\theta\}^2 + (r'\sin\theta + r\cos\theta)^2\{d\theta\}^2$$

$$= \{(r')^2(\sin^2\theta + \cos^2\theta) + r^2(\sin^2\theta + \cos^2\theta)\}\{d\theta\}^2$$

$$= \{(r')^2 + r^2\}\{d\theta\}^2$$

したがって，

$$l = \int_a^b \sqrt{\{dx\}^2 + \{dy\}^2} = \int_\alpha^\beta \sqrt{r^2 + (r')^2}\, d\theta$$

となる。

例題 1

曲線 $y = 2\sqrt{x^3}$ $(0 \leqq x \leqq 1)$ の長さ l を求めよ。

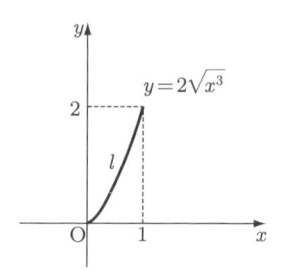

解答 $y' = 3\sqrt{x}$ であるから，$l = \int_0^1 \sqrt{1+9x}\ dx$ である。$t = 1+9x$ と置くと，$dt = 9dx$ で積分範囲は $1 \to 10$ である。よって，

$$l = \frac{1}{9}\int_1^{10} \sqrt{t}\ dx = \frac{1}{9}\left[\frac{2}{3}t^{\frac{3}{2}}\right]_1^{10} = \frac{2}{27}(10\sqrt{10}-1)$$

例題 2

曲線 $x = \dfrac{t^2}{2}, y = \dfrac{t^3}{3}$ $(0 \leqq t \leqq 1)$ の長さ l を求めよ。

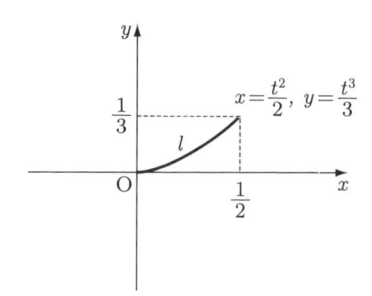

解答 $x' = t, y' = t^2$ であるから，

$$l = \int_0^1 \sqrt{t^2+t^4}\ dt = \int_0^1 t\sqrt{1+t^2}\ dt = \left[\frac{1}{3}(1+t^2)^{\frac{3}{2}}\right]_0^1 = \frac{1}{3}(2\sqrt{2}-1)$$

である。

例題 3

対数ら線 $r = e^\theta$ $(0 \leqq \theta \leqq 1)$ の長さ l を求めよ。

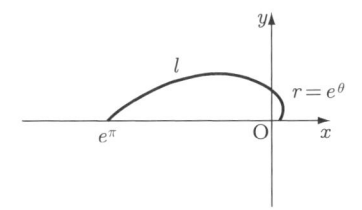

解答 $r' = e^\theta$ であるから,

$$l = \int_0^\pi \sqrt{e^{2\theta} + e^{2\theta}}\, d\theta = \sqrt{2} \int_0^\pi e^\theta\, dx = \sqrt{2} \left[e^\theta\right]_0^\pi = \sqrt{2}(e^\pi - 1)$$

である。

演習 **8.3.1.**

次の曲線の長さ l を求めよ。

(1) カテナリー：$y = \dfrac{e^x + e^{-x}}{2}$ $(-a \leqq x \leqq a)$

(2) サイクロイド：$x = t - \sin t$, $y = 1 - \cos t$ $(0 \leqq t \leqq 2\pi)$

(3) カージオイド（心臓形）：$r = a(1 + \cos \theta)$ $(0 \leqq \theta \leqq 2\pi)$

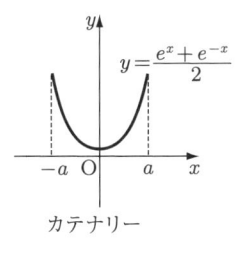

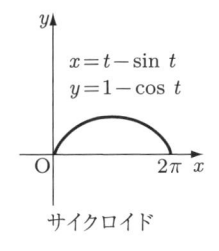

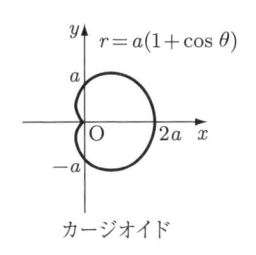

カテナリー

サイクロイド

カージオイド

8.4 回転体の体積

要点

【回転体の体積】

関数 $y = f(x)$ は区間 $[a,b]$ で連続で $f(x) \geqq 0$ とする。このとき，$y = f(x)$ $(a \leqq x \leqq b)$ を x 軸のまわりに回転してできる回転体の体積 V は，

$$V = \pi \int_a^b \{f(x)\}^2 dx$$

解説 区間 $[a,b]$ を n 個の小区間に等分割し，各小区間の微小幅を dx とする。このとき，左から k 番目の細長い長方形を，x 軸のまわりに回転させた回転体（円柱）の微小体積 Δv_k は，$\Delta v_k = \pi\{f(x_k)\}^2 dx$ である。したがって，回転体の微小体積の総和は，$\sum_{k=1}^{n} \Delta v_k = \pi \sum_{k=1}^{n} \{f(x_k)\}^2 dx$ である。$n \to \infty$ とすると，

$$V = \pi \int_a^b \{f(x)\}^2 dx$$

となる。形式的に，回転体の微小体積 $dv = \pi\{f(x)\}^2 dx$ で，$V = \int_v dv = \pi \int_a^b \{f(x)\}^2 dx$ としてもよい。

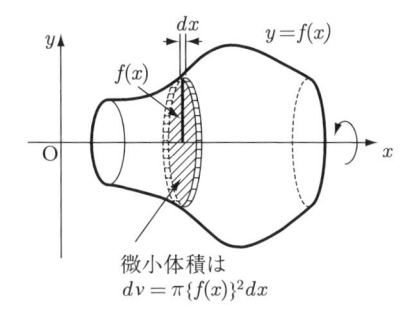

8.4. 回転体の体積

微小体積は
$dv = \pi\{f(x)\}^2 dx$

例題

曲線 $y = x^2 - a^2$ $(-a \leqq x \leqq a)$ を x 軸のまわりに回転して得られる回転体の体積 V を求めよ。

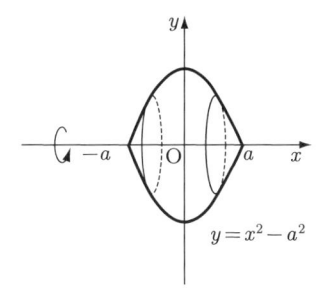

解答

回転体の微小体積 dv は，$dv = \pi \left(x^2 - a^2\right)^2 dx$ である。よって，

$$V = \int_v dv = \pi \int_{-a}^{a} \left(x^2 - a^2\right)^2 dx = \frac{16}{15}a^5\pi$$

演習 8.4.1.
次の曲線を x 軸のまわりに回転して得られる回転体の体積 V を求めよ。
(1) $y = \dfrac{1}{x}$ $(1 \leqq x \leqq a)$
(2) $y = \sqrt{x}$ $(0 \leqq x \leqq a)$

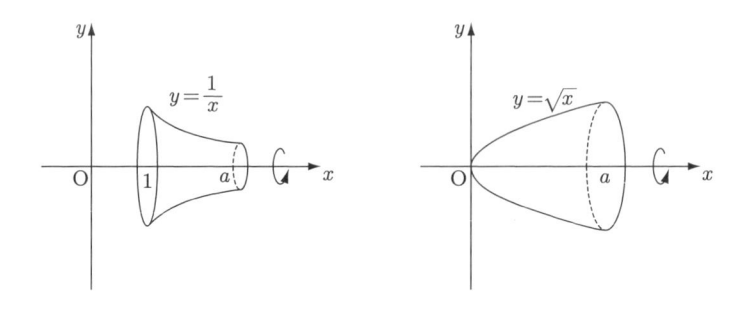

8.5 回転面の表面積

✎要点

【回転面の表面積】

関数 $y = f(x)$ は区間 $[a, b]$ で連続で $f(x) \geqq 0$ とする。このとき, $y = f(x)$ $(a \leqq x \leqq b)$ を x 軸のまわりに回転してできる回転面の表面積 A は,

$$A = 2\pi \int_a^b f(x)\sqrt{1 + \{f'(x)\}^2}\, dx$$

8.5. 回転面の表面積

解説 区間 $[a,b]$ を n 個の小区間に等分割し，各小区間の微小幅を dx とする。各幅 dx に対応する点 $(x_k, f(x_k))$ での曲線 $y = f(x)$ の接線の長さ Δl_k は，$\Delta l_k = \sqrt{1 + \{f'(x_k)\}^2}\,dx$ であった。それを，x 軸のまわりに回転させた回転体（円柱）の微小面積 ΔA_k は，$\Delta A_k = 2\pi f(x_k)\Delta l_k = 2\pi f(x_k)\sqrt{1 + \{f'(x_k)\}^2}\,dx$ である。したがって，回転面の微小面積の総和は，

$$\sum_{k=1}^{n} \Delta A_k = 2\pi \sum_{k=1}^{n} f(x_k)\sqrt{1 + \{f'(x_k)\}^2}\,dx$$

である。$n \to \infty$ とすると，

$$A = 2\pi \int_a^b f(x)\sqrt{1 + \{f'(x)\}^2}\,dx$$

となる。形式的に，回転面の微小表面積 $dA = 2\pi f(x)dl = 2\pi f(x)\sqrt{1 + \{f'(x)\}^2}dx$ で，$A = \int_A dA = 2\pi \int_a^b f(x)\sqrt{1 + \{f'(x)\}^2}\,dx$ としてもよい。

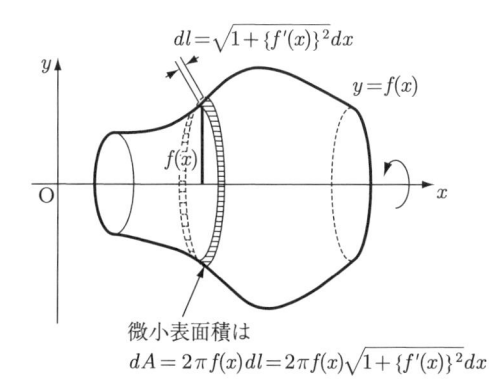

微小表面積は
$dA = 2\pi f(x)dl = 2\pi f(x)\sqrt{1 + \{f'(x)\}^2}dx$

例題

半径 r の球の表面積 A は $A = 4\pi r^2$ であることを示せ。

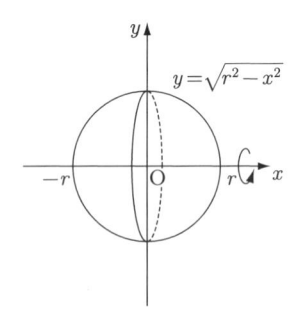

解答 半円 $y = \sqrt{r^2 - x^2}$ $(-r \leqq x \leqq r)$ を x 軸のまわりに回転させると球が得られる。

$$y' = \left\{ (r^2 - x^2)^{\frac{1}{2}} \right\}' = -x(r^2 - x^2)^{-\frac{1}{2}} = \frac{-x}{\sqrt{r^2 - x^2}}$$

より，$dl = \sqrt{1 + (y')^2} dx = \dfrac{r}{\sqrt{r^2 - x^2}} dx$ であるので，

$$dA = 2\pi f(x) dl = 2\pi \sqrt{r^2 - x^2} \cdot \frac{r}{\sqrt{r^2 - x^2}} dx = 2\pi r dx$$

である。よって，

$$A = \int_A dA = 2\pi r \int_{-r}^{r} dx = 4\pi r^2$$

となる。

演習 8.5.1.

次の曲線を x 軸のまわりに回転して得られる回転面の表面積 A を求めよ。

(1) $y = x \quad (-a \leqq x \leqq a)$

(2) $y = x^3 \quad (-a \leqq x \leqq a)$

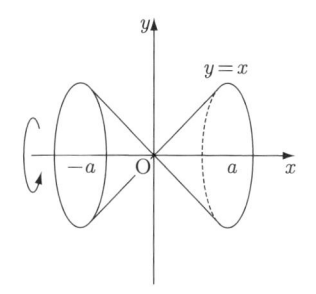

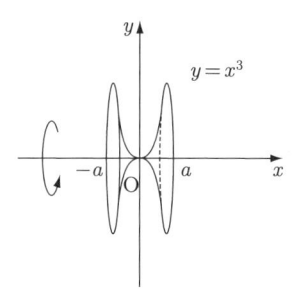

8.6 第 8 章のポイントを振り返る

第 8 章の内容のポイントを問題形式で振り返ろう。

問題 1. 曲線 $y = f(x)$ と直線 $x = a$ と $x = b$ と x 軸とで囲まれる面積の求め方を思い出そう。

問題 2. 曲線 $y = f(x)$ と曲線 $y = g(x)$ で囲まれる面積の求め方を思い出そう。

問題 3. 極座標表示の曲線で囲まれた面積 A の公式を導出しよう。

問題 4. 曲線 $y = f(x)$ の長さ l を求める公式を，微小長さ dl を考えて導出してみよう．

問題 5. 曲線 $y = f(x)$ $(a \leqq x \leqq b)$ の x 軸のまわりの回転体の体積 V を求める公式を，微小体積 dv を考えて導出してみよう．

問題 6. 曲線 $y = f(x)$ $(a \leqq x \leqq b)$ の x 軸のまわりの回転面の表面積 A を求める公式を微小表面積 dA を考えて導出してみよう．

第9章　剛体の力学

　剛体の力学を学ぶと，回転運動から得られる基本概念が，直線運動から得られた基本概念と対応関係があることを気づかされる。その対応関係は以下の表のとおりである。本章を読み終えた後に，以下の対応表で再確認してみてほしい。

回転運動	$\Longleftrightarrow$	直線運動
回転角：θ	$\Longleftrightarrow$	位置：x
力のモーメント：N	$\Longleftrightarrow$	力：F
慣性モーメント：I	$\Longleftrightarrow$	質量：m
角速度：ω	$\Longleftrightarrow$	速度：v
角加速度：α	$\Longleftrightarrow$	加速度：a
回転運動の運動方程式：$N=I\alpha$	$\Longleftrightarrow$	運動方程式：$F=ma$
角運動量：L	$\Longleftrightarrow$	運動量：p
運動エネルギー：$\frac{1}{2}I\omega^2$	$\Longleftrightarrow$	運動エネルギー：$\frac{1}{2}mv^2$

【自由奔放な天才】
レオンハルト・オイラー（Leonhart Euler, 1707–1783年）は，子供たちと遊びながら年に平均800ページの数学の研究論文を書き続け，一生のうち500以上の書物および論文を出版している。1771年に失明し生涯の最後の17年間は全くの盲目となったが，それでもオイラーの研究の出版の奔流はとどまることなく，76歳の生涯を閉じるまで絶え間なく研究した。彼が計算した無限級数の一見奇妙な式（$1+2+3+\cdots=-\frac{1}{12}$ など）は，現代数学だけでなく現代物理（量子力学）などからみても魅力的な結果となっている。

9.1　平面図形のモーメントと重心

要点 1

【1 次モーメント】

単位面積当たりの質量が m（一定）の平面図形 D の y 軸に関する断面 1 次モーメント N_y を

$$N_y = m \int_D x dA$$

と定義する。同様に，x 軸に関する断面 1 次モーメント N_x を

$$N_x = m \int_D y dA$$

と定義する。

解説　モーメント N の定義は $N = xF$ であるが，微小面積の質量 mdA を微小質量と考え，y 軸までの各モーメント $xmdA$ の（極限）和をとったものが N_y である。

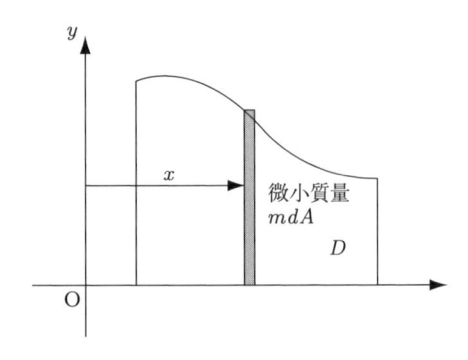

9.1. 平面図形のモーメントと重心

要点 2

【重心】

質量 M の一様な平面図形 D の**重心** G とは，点 G の断面 1 次モーメントが 0 となるところである。より具体的には，x 方向の重心の位置 x_G と x 方向の重心の位置 y_G は，それぞれ，

$$x_G = \frac{N_y}{M}, \quad y_G = \frac{N_x}{M}$$

となる。ここで，M は D の質量である。

解説 重心の定義より，$x = x_G$ 軸に関する断面 1 次モーメントは 0 であるので，$N_{x_G} = 0$ である。一方 y 軸から重心までの距離は x_G であるので，

$$N_{x_G} = m\int(x-x_G)dA = m\int xdA - mx_G\int dA = N_y - x_G mA = N_y - x_G M$$

したがって，$N_y - x_G M = 0$ より $x_G = \dfrac{N_y}{M}$ が得られる。
$y_G = \dfrac{N_x}{M}$ も同様に示される。

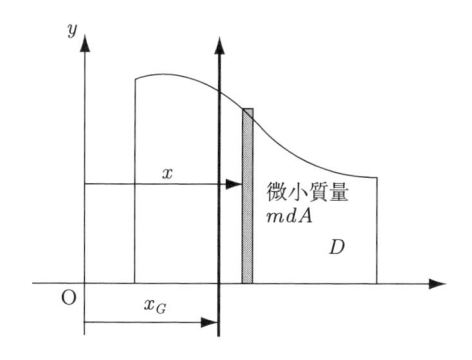

例題 1

質量 M の一様な次の三角形の y 軸に関する断面 1 次モーメント N_y と，x 軸に関する断面 1 次モーメント N_x をそれぞれ求めよ。ただし，$0 \leqq a \leqq b$ とする。

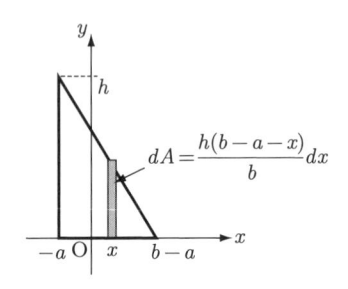

解答 まず，y 軸に関する断面 1 次モーメント N_y を求める。微小面積は $dA = \dfrac{h(b-a-x)}{b}dx$ であるので，m を単位面積当たりの質量とすると，

$$N_y = m\int_{-a}^{b-a} x\left(\frac{h(b-a-x)}{b}\right)dx = \frac{hm}{b}\left[\frac{b-a}{2}x^2 - \frac{1}{3}x^3\right]_{-a}^{b-a}$$

$$= \frac{(b-3a)bhm}{6} = \frac{b-3a}{3}M$$

である。特に，$a=0$ のとき，$N_y = \dfrac{b}{3}M$ であり，$a = \dfrac{b}{3}$ のとき $N_y = 0$, すなわち重心の位置を示す。

x 軸に関する断面 1 次モーメント N_x は，$a=b$ として b と h を入れかえて考えればよいので，$N_x = \dfrac{hM}{3}$ である。

9.1. 平面図形のモーメントと重心

例題 2

質量 M の一様な次の三角形の x 方向の重心の位置 G_x と y 方向の重心の位置 G_y を，それぞれ求めよ。

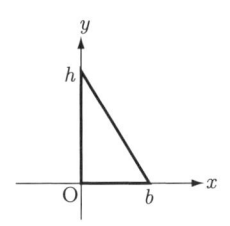

解答 $N_y = \dfrac{bM}{3}$, $N_x = \dfrac{hM}{3}$ であるので，

$$x_G = \frac{N_y}{M} = \frac{b}{3}, \quad y_G = \frac{N_x}{M} = \frac{h}{3}$$

である。

演習 9.1.1.

質量 M の一様な次の長方形の y 軸に関する断面 1 次モーメント N_y と，x 軸に関する断面 1 次モーメント N_x をそれぞれ求めよ。ただし，$0 \leqq a \leqq h$ とする。

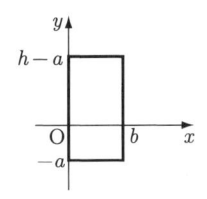

演習 9.1.2.

$y = x^2$ と x 軸と $x = a\,(>0)$ で囲まれた図形について，以下の問いに答えよ。ただし，単位面積当たりの質量は m（一定）とする。

(1) y 軸に関する断面 1 次モーメント N_y と，x 軸に関する断面 1 次モーメント N_x を，それぞれ求めよ。

(2) x 方向の重心の位置 x_G と y 方向の重心の位置 y_G を，それぞれ求めよ。

9.2 慣性モーメント

要点 1

【慣性モーメント】

単位面積当たりの質量 m（一定）の平面図形 D の y 軸に関する**慣性モーメント**を

$$I_y = m \int_D x^2 dA$$

と定義する。同様に，x 軸に関する慣性モーメントを

$$I_x = m \int_D y^2 dA$$

と定義する。

解説 慣性モーメントと 1 次モーメントの違いは，1 次モーメントが正の値や負の値をとる符号が定まらない量であることに対し，慣性モーメントは常に正の値をとるところにある。実は，剛体の回転運動に関す

る議論を行うと，慣性モーメントは，直線運動をする物体の質量に対応し，剛体の角運動量や運動エネルギーといわれる概念にも関係する。そのため，慣性モーメントは回転のしにくさを表す量である。つまり，慣性モーメントが大きいほど，その物体はその軸のまわりで回転しにくいということを示すのである。

要点 2

【原点 O に関する慣性モーメント】

単位面積当たりの質量 m（一定）の平面図形 D の原点 O に関する慣性モーメントを

$$I_\mathrm{o} = m \int_D r^2 dA$$

と定義する。r は原点 O から D 内の点までの距離である。このとき，

$$I_\mathrm{o} = I_y + I_x$$

が成り立つ。

解説 本来は重積分で扱う項目であるが，感覚的には次の図のように微小質量 mdA を考える。このことから $r^2 = x^2 + y^2$ であるので，

$$I_\mathrm{o} = m \int_D r^2 dA = m \int_D (x^2 + y^2) dA = I_y + I_x$$

となる。円のような図形は I_o を用いる場合が多い。

$I_o = I_y + I_x$

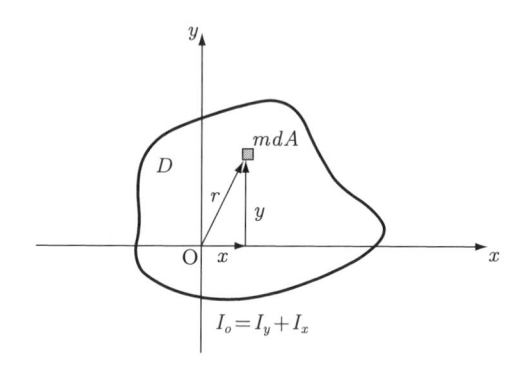

例題 1

質量 M の一様な高さ h, 底辺 b の長方形において，長方形の重心を通り，底辺に平行な軸を x 軸としたとき，x 軸に関する慣性モーメント I_x を求めよ。

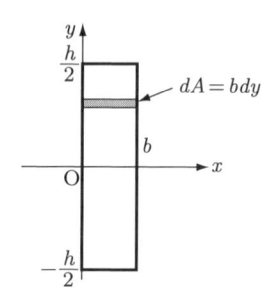

解答 m を単位面積当たりの質量とすると，$M = mbh$ である。また，微小面積 dA を考えれば，$dA = b \cdot dy$ である。したがって，

$$I_x = m \int_D y^2 dA = 2mb \int_0^{\frac{h}{2}} y^2 dy = \frac{mbh^3}{12} = \frac{Mh^2}{12}$$

である。

例題 2

質量 M の一様な半径 a の円の中心 O に関する慣性モーメントを求めよ。

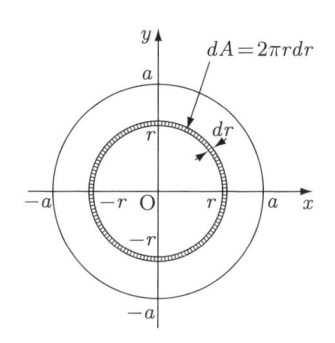

解答 m を単位面積当たりの質量とすると，$M = \pi a^2 m$ である。図のように微小面積 dA を考えれば，$dA = 2\pi r dr$ である。したがって，

$$I_{\mathrm{o}} = m \int_D r^2 dA = 2\pi m \int_0^a r^3 dr = 2\pi m \left[\frac{1}{4}r^4\right]_0^a = \frac{\pi a^4 m}{2} = \frac{a^2 M}{2}$$

演習 9.2.1.

単位面積当たりの質量を m（一定）として，以下の問いに答えよ。

(1) 高さ h，底辺 b の直角三角形の底辺を x 軸としたとき，x 軸に関する慣性モーメント I_x を求めよ。

(2) 楕円 $\dfrac{x^2}{a^2} + \dfrac{y^2}{b^2} = 1$ の原点に関する慣性モーメント I_{o} を求めよ。
（ヒント：$I_{\mathrm{o}} = I_y + I_x$ を使う。）

9.3 回転運動と運動方程式

要点 1

【角運動量】

質量 m の質点 P が半径 r の円周上を,一定の角速度 ω で回転しているとき,$L = rm|v| = mr^2\omega$ を質点 P の**角運動量**という。時刻 t における回転角を θ とすると,$\omega = \dfrac{d\theta}{dt}$ でもある。

解説 $|v| = r\omega$ より,運動量 $p = m|v| = mr\omega$ であった。これに対して,運動量のモーメント $L = rp = rm|v| = mr^2\omega$ を質点 P の角運動量というのである。

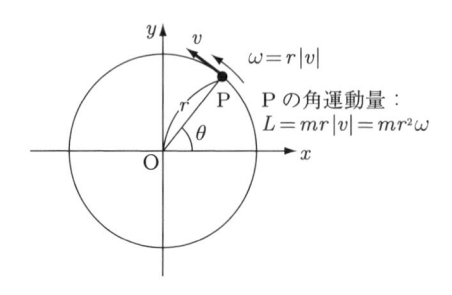

9.3. 回転運動と運動方程式

要点 2

【剛体の角運動量】

薄い剛体 D が原点 O を中心に一定の角速度 ω で円運動をしているとき,剛体の角運動量 L は,

$$L = \omega I_\text{o} \tag{9.1}$$

で表される。I_o は原点に対する慣性モーメントである。

解説 下図より,微小質量 mdA をもつ点 P の角運動量は $dl = mr^2\omega dA$ である。したがって,剛体の角運動量 L は,

$$L = \int_D dl = m\int_D (r^2\omega)\, dA = \omega\left(m\int_D r^2\, dA\right) = \omega I_\text{o}$$

となる。

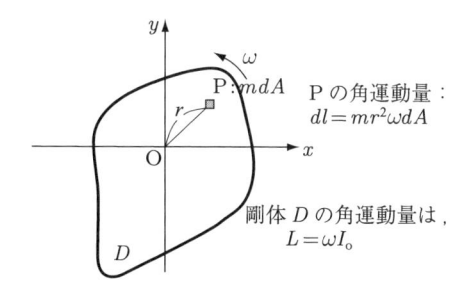

P の角運動量:
$dl = mr^2\omega dA$

剛体 D の角運動量は,
$L = \omega I_\text{o}$

要点 3

【回転の運動方程式】

点 O に関する慣性モーメントが I_o である単位面積当たりの質量 m の薄い剛体が,点 O からの距離 r の位置で図のように剛体の 1 点 P に,力 F を受け続けて,剛体内の点 O を中心に,角速度 ω で回転運動をしている。このとき,$\alpha = \dfrac{d\omega}{dt}$ とすると,

$$I_o \alpha = rF \tag{9.2}$$

が成り立つ。α を**角加速度**という。

力 F を受けた剛体 D の運動方程式は,
$I_o \alpha = rF$
$\left(\alpha = \dfrac{d\omega}{dt}\right)$

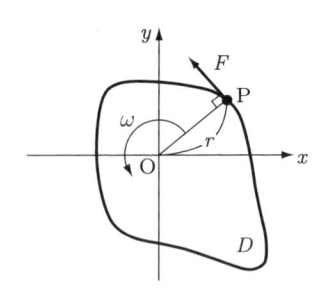

解説　「剛体の角運動量の単位時間当たりの変化は,その剛体に働く外力のモーメントの総和に等しい」という物理法則がある。この場合 $\dfrac{dL}{dt} = rF$ である。一方,要点 2 より $L = \omega I_o$ であったので,これを t で微分して,$\dfrac{dL}{dt} = I_o \dfrac{d\omega}{dt}$ を得る。したがって,式 (9.2) が得られる。運動方程式 (9.2) より,2 つの違う図形の同じ位置に同じ力 F を与えた場合,慣性モーメントの大きい方が,角加速度は小さくなることがわかる。

例題 1

質量 2.0 kg の質点 P が，半径 0.5 m の円周上を角速度 $\omega = 0.2$ rad/(sec) で回転している。質点 P の角運動量 L を求めよ。

解答 $L = mr^2\omega$ より，$L = 2 \times 0.5^2 \times 0.2 = 0.1$ kg·m²/(sec) である。

例題 2

質量 M の長さ l の細長い棒 D が，棒の端を中心に一定の角速度 ω で円運動をしているとき，棒の角運動量 L を求めよ。

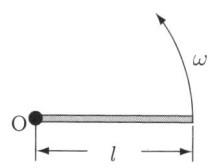

解答 まず，慣性モーメント I_o を求める。棒の単位長さ当たりの質量は，$\dfrac{M}{l}$ である。したがって，

$$I_\mathrm{o} = \frac{M}{l}\int_0^l x^2 dx = \frac{Ml^2}{3}$$

である。ゆえに，$L = \omega I_\mathrm{o} = \dfrac{\omega M l^2}{3}$ である。

例題 3

質量 M の一様な長さ l の細長い棒 D が,片方の端に力 F を受け続けて,もう片方の端を中心に一定の角速度 ω で円運動を始めたとき,角加速度を求めよ。ただし,他の外力は一切働かないものとする。

解答 $I_o = \dfrac{Ml^2}{3}$ であり,回転の運動方程式

$$I_o \alpha = lF$$

より,角加速度は $\alpha = \dfrac{3F}{Ml}$ である。

演習 9.3.1.

質量 $5.0\,\mathrm{kg}$ の質点 P が,半径 $2.0\,\mathrm{m}$ の円周上を角速度 $\omega = 0.5\,\mathrm{rad/(sec)}$ で回転している。質点 P の角運動量 L を求めよ。

演習 9.3.2.

質量 M の一様な半径 a の薄い円盤 D が,中心の周りを一定の角速度 ω で円運動をしているとき,円盤の角運動量 L を求めよ。

演習 9.3.3.

質量 M の一様な半径 a の薄い円盤 D が,円周上の 1 点 P でその接線方向に力 F を受け続けて,円盤の中心の周りを一定の角速度 ω で円運動を始めるとき,角加速度 α を求めよ。ただし,他の外力は一切働かないものとする。

9.4 回転運動の運動エネルギー

要点

【回転の運動のエネルギー】

薄い剛体 D が点 O を中心に角速度 ω で円運動をしているとき，回転の運動のエネルギー E は，

$$E = \frac{1}{2} I_o \omega^2 \tag{9.3}$$

で表される。

解答 質点 P が半径 r の円周上を角速度 ω で回転しているとき，$|v| = r\omega$ であったので，運動エネルギー E は，

$$E = \frac{1}{2} m v^2 = \frac{1}{2} m r^2 \omega^2$$

である。したがって，点 O を中心に一定の角速度 ω で円運動をしている剛体の運動エネルギーは，

$$E = \int_D \frac{1}{2} m r^2 \omega^2 dv = \frac{1}{2} \omega^2 m \left(\int_D r^2 dv \right) = \frac{1}{2} \omega^2 I_o$$

となる。

例題

図のように，底辺 b，高さ h の単位面積当たりの質量 m が一定な薄い直角三角形の板 D が，図の頂点 O を中心に一定の角速度 ω で円運動をしているとき，板の回転の運動エネルギー E を求めよ。

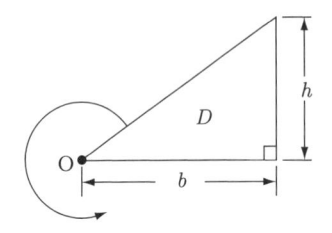

解答 まず，$I_\mathrm{o} = I_x + I_y$ であることに注意して，慣性モーメント I_o を求める．演習 9.2.1 (1) より

$$I_x = \frac{h^2}{6}M$$

である．また $I_y = \dfrac{b^2}{2}M$ である．よって，

$$I_\mathrm{o} = I_x + I_y = \frac{h^2 + 3b^2}{6}M$$

ゆえに，$E = \dfrac{1}{2}I_\mathrm{o}\omega^2 = \dfrac{h^2 + 3b^2}{12}M\omega^2$ である．

演習 9.4.1.

図のように，底辺 b，高さ h の単位面積当たりの質量 m が一定な薄い長方形の板 D が，図の頂点を中心に一定の角速度 ω で円運動をしているとき，板の回転の運動エネルギー E を求めよ．

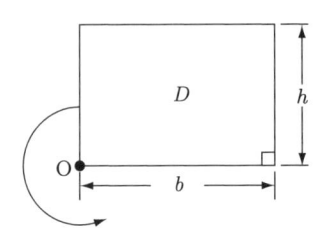

9.5 第9章のポイントを振り返る

第9章の内容のポイントを問題形式で振り返ろう。

問題 1. $y = x^3$ と x 軸と $x = a\,(> 0)$ で囲まれた図形について，以下の問いを考えてみよう．ただし，単位面積当たりの質量は m（一定）とする．

(1) y 軸に関する断面1次モーメント N_y と，x 軸に関する断面1次モーメント N_x を，それぞれ求めてみよう．

(2) x 方向の重心の位置 x_G と x 方向の重心の位置 y_G を，それぞれ求めてみよう．

問題 2. 質量 M の一様な図形として，以下の問いを考えてみよう．

(1) 四直線 $y = x$, $x = -1$, $x = 1$ と $y = 0$ で囲まれた図形の y 軸に関する慣性モーメント I_y を求めてみよう．

(2) 曲線 $y = x^3$ と三直線 $x = -1$, $x = 1$ と $y = 0$ で囲まれた図形の原点に関する慣性モーメント I_o を求めてみよう．

問題 3. 質量 M の一様な一辺 $2a$ の薄い正方形の剛体 D が，剛体の重心のまわりを一定の角速度 ω で円運動をしているとき，剛体の角運動量 L を求めてみよう．

問題 4. 質量 M の一様な長さ l の細長い棒 D が，棒の片方の重心 P で，その回転方向に力 F を受け続けて，剛体のまわりを一定の角速度 ω で

円運動を始めるとき，角加速度を求めてみよう．ただし，他の外力は一切働かないものとする．

問題 5. 図のように，半径 a で，質量 m の一様な薄い扇形の板が，図の頂点 O を中心に一定の角速度 ω で円運動をしているとき，板の回転の運動エネルギー E を求めてみよう．

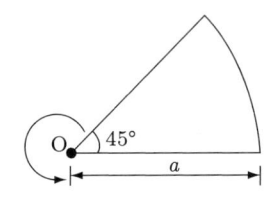

第10章　微分積分の発展的内容

　本章では主に超越関数の多項式近似について扱う。それは，テイラー展開やマクローリン展開と呼ばれている有名なものである。コンピュータの活用が日常的である現代において，シミュレーション等の基礎になるアイディアがある。後半では，オイラーの公式を取り上げる。それは，指数関数と三角関数がシンプルに結びついている美しい式であり，理工学を学ぶ上で不可欠な道具である。

【数学の王者】
カール・フリードリッヒ・ガウス（Gauss Carl Friedrich, 1777–1855 年）は，数学のすべてを知っていた最後の数学者であったと時に評される。ガウスは 19 歳のときに，コンパスと定規を使って正 17 多角形を作図するという素晴らしい発見をし，1800 年頃に楕円関数の二重周期性を発見している。1827 年には微分積分と融合させた幾何学の新しい分野である微分幾何学を創設し，20 世紀のいろいろな科学的理論へと道を開いた。

10.1 高次導関数

要点

【第 n 次導関数】

関数 $y = f(x)$ の導関数 $f'(x)$ が微分可能であるとき，$f'(x)$ の導関数を $f(x)$ の**第 2 次導関数**といい，

$$y'', \quad f''(x), \quad \frac{d^2 y}{dx^2}, \quad \frac{d^2}{dx^2} f(x)$$

などと表される。関数 $f(x)$ の第 2 次導関数が存在するとき，$f(x)$ は **2 回微分可能**であるという。

一般に，関数 $f(x)$ の**第 n 次導関数**を考えることができ，それは，

$$y^{(n)}, \quad f^{(n)}(x), \quad \frac{d^n y}{dx^n}, \quad \frac{d^n}{dx^n} f(x)$$

などと表される。関数 $f(x)$ の第 n 次導関数が存在するとき，$f(x)$ は **n 回微分可能**であるという。

次数が 2 以上の導関数を**高次導関数**という。

例題

$y = \sin x$ の第 n 次導関数を求めよ。

解答 $y' = \cos x$, $y'' = -\sin x$, $y^{(3)} = -\cos x$, $y^{(4)} = \sin x$ であり，$n = 2k$ のとき $y^{(n)} = (-1)^k \sin x$, $n = 2k+1$ のとき, $y^{(n)} = (-1)^k \cos x$ である。

演習 10.1.1.

次の関数の第 n 次導関数を求めよ。

(1) $y = \cos x$　　　(2) $y = e^{-x}$　　　(3) $y = \log x$

10.2　テイラーの定理

要点 1

【テイラーの定理】

関数 $f(x)$ が閉区間 $[a,b]$ で n 回微分可能であるとき，
$$f(b) = f(a) + \frac{(b-a)}{1!}f'(a) + \frac{(b-a)^2}{2!}f''(a) + \cdots + \frac{(b-a)^{n-1}}{(n-1)!}f^{(n-1)}(a)$$
$$+ \frac{(b-a)^n}{n!}f^{(n)}(c) \quad (a < c < b)$$
となる点 c が少なくとも 1 つ存在する。

解説　$n=2$ のときで考えると，
$$f(b) = f(a) + (b-a)f'(a) + \frac{(b-a)^2}{2}f''(c) \quad (a < c < b)$$
という式になる。これは，第 3 章で扱った
$$f(b) = f(a) + (b-a)f'(c) \quad (a < c < b)$$
となる点 c が少なくとも 1 つ存在するという平均値の定理の拡張である。テイラーの定理は平均値の定理を帰納的に拡張したものである。

要点 2

【マクローリンの定理】

関数 $f(x)$ が $x=0$ を含む区間で n 回微分可能であるとき，
$$f(x) = f(0) + \frac{x}{1!}f'(0) + \frac{x^2}{2!}f''(0) + \cdots + \frac{x^{n-1}}{(n-1)!}f^{(n-1)}(0)$$
$$+ \frac{x^n}{n!}f^{(n)}(\theta x) \quad (0 < \theta < 1)$$

となる点 θ が少なくとも 1 つ存在する。

解説 この定理は，テイラーの定理において，$b=x$, $a=0$ とおくと得られる。

右辺の最終項 $\dfrac{x^n}{n!}f^{(n)}(\theta x)$ は，**ラグランジュの剰余**と呼ばれ，R_n で表すことも多い。右辺のラグランジュの剰余 R_n を除いた n 個の和の部分を $f(x)$ の**近似式**という。この意味で，ラグランジュの剰余は，$f(x)$ を近似式で表したときの**誤差**ともいえる。

例題

$y = \sqrt{1+x}$ について，以下の問いに答えよ。
(1) $y = \sqrt{1+x}$ を 2 次式で近似せよ。
(2) (1)で得られた 2 次近似式を用いて，$\sqrt{1.2}$ の近似値の値を求めよ。
(3) $\sqrt{1.2}$ の近似値の誤差を調べよ。

解答

$$f'(x) = \frac{1}{2\sqrt{1+x}}, \quad f''(x) = \frac{-1}{4\sqrt{(1+x)^3}}, \quad f^{(3)}(x) = \frac{3}{8\sqrt{(1+x)^5}}$$

である。

(1) マクローリンの定理を用いる。$f(0) = 1$, $f'(0) = \dfrac{1}{2}$, $f''(0) = -\dfrac{1}{4}$ であるので，2 次近似式は，

$$1 + \frac{1}{2}x - \frac{1}{8}x^2$$

である。

(2) $x = 0.2$ とおいて近似式に代入すると，$\sqrt{1.2}$ の近似値は，

$$1 + \frac{1}{2} \times 0.2 - \frac{1}{8} \times (0.2)^2 = 1.095$$

(3) $|R_3| = \left|\dfrac{(0.2)^3}{3!} f^{(3)}(0.2\theta)\right| = \dfrac{(0.2)^3}{3!} \cdot \dfrac{3}{8 \cdot \sqrt{(1+0.2\theta)^5}} < \dfrac{(0.2)^3}{3!} \cdot \dfrac{3}{8}$
$= 0.0005$ であるので，誤差の絶対値は 0.0005 以下である。

演習 10.2.1.

関数 $y = e^x$ について以下の問いに答えよ。

(1) $y = e^x$ を 4 次式で近似せよ。

(2) (1) で得られた 4 次近似式を用いて，e の近似値を求めよ。

(3) e の近似値の誤差を調べよ。ただし，$e < 2.8$ は分かっているものとする。

10.3 マクローリン級数

要点 1

【マクローリン級数】

関数 $f(x)$ が $x = 0$ を含む区間で n 回微分可能であるとする。このとき，マクローリンの定理において，ラグランジュの剰余 $R_n = \dfrac{x^n}{n!}f^{(n)}(\theta x)$ が区間 I のすべての x について，$\lim_{x \to \infty} R_n = 0$ であれば，$f(x)$ は I で，

$$f(x) = f(0) + \frac{x}{1!}f'(0) + \frac{x^2}{2!}f''(0) + \cdots + \frac{x^{(n-1)}}{(n-1)!}f^{(n-1)}(0) + \cdots$$

となる。右辺を $f(x)$ の**マクローリン級数**といい，$f(x)$ をマクローリン級数で表すことを**マクローリン展開**という。

解説 $f(x)$ がマクローリン級数に展開可能であるかどうかを調べるには，$\lim_{x \to \infty} R_n = 0$ となる必要がある。この判定法として次の命題Cがある。

命題 C：任意の x について，$\lim_{n \to \infty} \dfrac{|x|^n}{n!} = 0$

（証明）任意の数 x に対し，$2x < N$ となる自然数 N をとり，$n > N$ とすると，

$$\frac{|x|^n}{n!} = \frac{|x|}{1} \cdot \frac{|x|}{2} \cdots \frac{|x|}{N} \cdots \frac{|x|}{n} < \frac{|x|^N}{N!}\left(\frac{|x|}{N}\right)^{n-N} < \frac{|x|^N}{N!}\left(\frac{1}{2}\right)^{n-N}$$

となる。$\lim_{n \to \infty} \dfrac{|x|^N}{N!}\left(\dfrac{1}{2}\right)^{n-N} = 0$ より，$\lim_{n \to \infty} \dfrac{|x|^n}{n!} = 0$ が得られる。

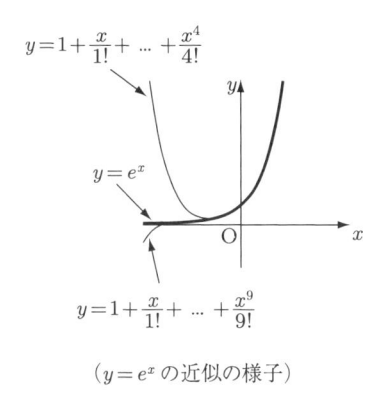

$y = 1 + \dfrac{x}{1!} + \cdots + \dfrac{x^4}{4!}$

$y = e^x$

$y = 1 + \dfrac{x}{1!} + \cdots + \dfrac{x^9}{9!}$

($y = e^x$ の近似の様子)

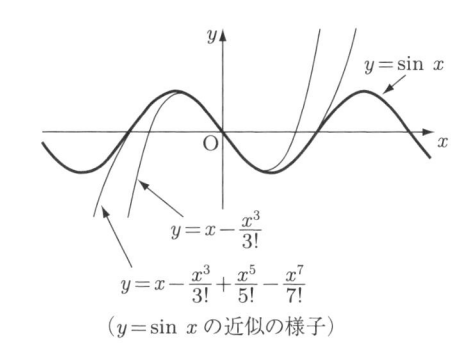

$y = \sin x$

$y = x - \dfrac{x^3}{3!}$

$y = x - \dfrac{x^3}{3!} + \dfrac{x^5}{5!} - \dfrac{x^7}{7!}$

($y = \sin x$ の近似の様子)

要点 2

【よく利用されるマクローリン級数】

物理や工学でよく利用されるマクローリン級数は以下である。

① $e^x = 1 + \dfrac{x}{1!} + \dfrac{x^2}{2!} + \cdots + \dfrac{x^n}{n!} + \cdots \quad (-\infty < x < \infty)$

② $\sin x = x - \dfrac{x^3}{3!} + \dfrac{x^5}{5!} + \cdots + (-1)^n \dfrac{x^{2n+1}}{(2n+1)!} + \cdots \quad (-\infty < x < \infty)$

③ $\cos x = 1 - \dfrac{x^2}{2!} + \dfrac{x^4}{4!} + \cdots + (-1)^n \dfrac{x^{2n}}{(2n)!} + \cdots \quad (-\infty < x < \infty)$

④ $\log(1+x) = x - \dfrac{x^2}{2} + \dfrac{x^3}{3} + \cdots + (-1)^{n-1} \dfrac{x^n}{n} + \cdots \quad (-1 < x \leqq 1)$

⑤ $(1+x)^\alpha = 1 + \dfrac{\alpha}{1!} x + \dfrac{\alpha(\alpha-1)}{2!} x^2 + \cdots + \dfrac{\alpha(\alpha-1) \cdots (\alpha-n+1)}{n!} x^n$
$+ \cdots \quad (-1 < x < 1)$

ただし α は任意の実数とする。

例題 1

$e^x = 1 + \dfrac{x}{1!} + \dfrac{x^2}{2!} + \cdots + \dfrac{x^n}{n!} + \cdots \quad (-\infty < x < \infty)$ を,命題 C を使って証明せよ。

解答 $f'(x) = f''(x) = \cdots = f^{(n)} = e^x$ であるのでラグランジュの剰余は $R_n = \dfrac{e^{\theta x}}{n!} x^n$ である。命題 C より

$$\lim_{n\to\infty} |R_n| = \lim_{n\to\infty} \left|\dfrac{e^{\theta x}}{n!} x^n\right| = |e^{\theta x}| \lim_{n\to\infty} \dfrac{|x|^n}{n!} = 0$$

である。したがって，この級数は収束する。

例題 2

要点 2 の公式を利用して $y = \dfrac{1}{3+x}$ $(x \neq -3)$ をマクローリン展開せよ。

解答 $(1+x)^\alpha = 1 + \dfrac{\alpha}{1!} x + \dfrac{\alpha(\alpha-1)}{2!} x^2 + \cdots + \dfrac{\alpha(\alpha-1)\cdots(\alpha-n+1)}{n!} x^n + \cdots$ $(-1 < x < 1)$ を用いる。そのために，$y = \dfrac{1}{3}\left(1+\dfrac{x}{3}\right)^{-1}$ と考えれば，

$$\left(1+\dfrac{x}{3}\right)^{-1} = 1 - \dfrac{x}{3} + \dfrac{x^2}{3^2} - \dfrac{x^3}{3^3} + \cdots (-1)^n \dfrac{x^n}{3^n} + \cdots \quad (-3 < x < 3)$$

であるので，

$$\dfrac{1}{3+x} = \dfrac{1}{3} - \dfrac{x}{3^2} + \dfrac{x^2}{3^3} - \dfrac{x^3}{3^4} + \cdots (-1)^n \dfrac{x^n}{3^{n+1}} + \cdots \quad (-3 < x < 3)$$

である。

演習 10.3.1.

$\sin x = x - \dfrac{x^3}{3!} + \dfrac{x^5}{5!} + \cdots + (-1)^n \dfrac{x^{2n+1}}{(2n+1)!} + \cdots \quad (-\infty < x < \infty)$ を，命題 C を使って証明せよ。

演習 10.3.2.

要点 2 の公式を利用して $y = \dfrac{1}{5-x}$ $(x \neq 5)$ をマクローリン展開せよ。

10.4 オイラーの公式

要点

【オイラーの公式】
① $e^{ix} = \cos x + i\sin x$ （ただし，$i = \sqrt{-1}$）
② $e^{-ix} = \cos x - i\sin x$

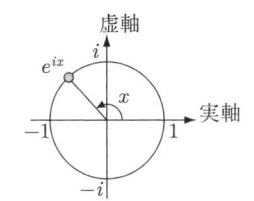

解説 オイラーの公式は，複素平面上の単位円を表す式が e^{ix} であることを意味する。したがって，その実部が $\cos x$ で虚部が $\sin x$ となるのである。厳密な証明には複素関数論の知識が必要になるが，形式的には以下のようになる。e^x，$\cos x$ と $\sin x$ のマクローリン展開から，

$$\begin{aligned} e^{ix} &= 1 + \frac{ix}{1!} + \frac{(ix)^2}{2!} + \frac{(ix)^3}{3!} + \frac{(ix)^4}{4!} + \cdots \\ &= 1 + \frac{ix}{1!} - \frac{x^2}{2!} - \frac{ix^3}{3!} + \frac{x^4}{4!} + \cdots \\ &= \left(1 - \frac{x^2}{2!} + \frac{x^4}{4!} - \cdots\right) + i\left(x - \frac{x^3}{3!} + \frac{x^5}{5!} - \cdots\right) \\ &= \cos x + i\sin x \end{aligned}$$

が得られる。

②は①から得られる。すなわち，
$$e^{-ix} = e^{i(-x)} = \cos(-x) + i\sin(-x) = \cos x - i\sin x$$

である。

> **例題**
> $e^{i\frac{\pi}{2}}$ の値を求めよ。

解答 オイラーの公式から，$e^{i\frac{\pi}{2}} = \cos\frac{\pi}{2} + i\sin\frac{\pi}{2} = i$ である。

演習 10.4.1.
次の値を求めよ。
(1) $e^{i\frac{\pi}{6}}$ (2) $e^{i\frac{2\pi}{3}}$ (3) $e^{i\frac{3\pi}{4}}$ (4) $e^{i\pi}$

10.5　第 10 章のポイントを振り返る

第 10 章の内容のポイントを問題形式で振り返ろう。

問題 1. a を定数としたとき，次の関数の第 n 次導関数を求めてみよう。
(1) $y = e^{-ax}$ (2) $y = \cos ax$ (3) $y = \log ax$

問題 2. 関数 $y = \log(1+x)$ について，以下の問いで近似について確認してみよう。
(1) $y = \log(1+x)$ を 3 次式で近似せよ。
(2) (1) で得られた 3 次近似式を用いて，$\log 1.5$ の近似値を求めてみよう。
(3) $\log 1.5$ の近似値の誤差を調べてみよう。

問題 3. 関数 $y = f(x)$ のマクローリン展開とはどういうものであったかということ，さらに $y = e^x, y = \log(1+x), y = \sin x, y = \cos x$ のマクローリン展開を思い出そう。

問題 4. オイラーの公式を書いてみよう。複素平面の単位円を書いてその意味も思い出そう。

第11章　定数係数の線形微分方程式の解法

　ある方程式をたて，その解法を考えることは，数学において非常に重要な作業である。微分積分学においては，現象に応じて微分方程式というものをたてる。そしてその解法を考えるのである。それは解析学において中心的な分野である。しかし，ほとんどの微分方程式は解くことが難しい。実際には，コンピュータを用いて近似的解を求めることが多い。このような理由から，本章では極めて基本的な微分方程式の解法だけを紹介する。それは物理学の基礎問題にも通じているからである。

【ラプラスの悪魔】
ピエール＝シモン・ラプラス（Pierre-Simon Laplace, 1749–1827年）は，1812年に『確率の解析的理論』という本を出版した。この本では微分方程式の解法で極めて有用なラプラス変換 $f(s) = \int_0^\infty e^{-st} g(t) dt$ を扱っている。また，超越的知性（ラプラスの悪魔）の記述もあり，現在の物質の力学的状態が理解できるこの知性は，同時に未来に起こりうるすべてを理解することができると述べてある。

11.1 定数係数の同次線形微分方程式

要点 1

【1 階同次線形微分方程式】

微分方程式

$$y' + ay = 0 \quad (a \text{ は定数}) \tag{11.1}$$

を，**1 階同次線形微分方程式**という。これに対して，

$$\lambda + a = 0$$

を (11.1) の**特性方程式**という。特性方程式の解は，$\lambda = -a$ であり，これより，式 (11.1) の一般解は，

$$y = Ce^{-ax} \quad (C \text{ は任意定数})$$

と表される。

解説 $y = Ce^{-ax}$ が式 (11.1) の一般解であることは，$y' = -aCe^{-ax}$ なので，これを (11.1) に代入すると，

$$\text{左辺} = y' + ay = -aCe^{-ax} + aCe^{-ax} = 0$$

となるからである。

要点 2

【2 階同次線形微分方程式】

微分方程式

$$y'' + ay' + by = 0 \quad (a, b \text{ は定数}) \tag{11.2}$$

を，**2 階同次線形微分方程式**という。これに対して，

$$\lambda^2 + a\lambda + b = 0$$

を (11.2) の**特性方程式**という。特性方程式の 2 つの解を $\lambda = \alpha, \beta$ とする。

① 実数解 $\alpha \neq \beta$ の場合：(11.2) の一般解は，

$$y = Ae^{\alpha x} + Be^{\beta x} \quad (A, B \text{ は任意定数}) \tag{11.3}$$

② $\alpha = \beta$ の場合：(11.2) の一般解は，

$$y = Ae^{\alpha x} + Bxe^{\beta x} \quad (A, B \text{ は任意定数}) \tag{11.4}$$

③ 虚数解 $\alpha = v + wi, \beta = v - wi$ の場合：(11.2) の一般解は，

$$y = e^{vx}(A\cos wx + B\sin wx) \quad (A, B \text{ は任意定数}) \tag{11.5}$$

と表される。

解説 ①と②に関しては，1 階同次線形微分方程式の解説のように，(11.3) と (11.4) の導関数および第 2 次導関数を求め，(11.2) の左辺に代入してみれば，確かめられる。

③に関しては，原理的には①より

$$y = Ae^{\alpha x} + Be^{\beta x} = Ae^{(u+wi)x} + Be^{(u-wi)x} = e^{ux}\left(Ae^{iwx} + Be^{-iwx}\right)$$

である。ここで，オイラーの公式から，

$$Ae^{iwx} + Be^{-iwx} = A(\cos wx + i\sin wx) + B(\cos wx - i\sin wx)$$
$$= (A+B)\cos wx + i(A-B)\sin wx$$

であるので，定数 $A+B$ を改めて A とし，定数 $i(A-B)$ を改めて B とおくことで，③が得られる。

例題 1

微分方程式 $y' - 3y = 0$ を解け。

解答 特性方程式 $\lambda - 3 = 0$ より，$\lambda = 3$ である。よって，一般解は，

$$y = Ce^{3x} \quad (C \text{ は任意定数})$$

例題 2

微分方程式 $y'' - 5y' + 6y = 0$ を解け。

解答 特性方程式 $\lambda^2 - 5\lambda + 6 = 0$ より，$(\lambda - 2)(\lambda - 3) = 0$ となり，$\lambda = 2, 3$ である。よって，一般解は，

$$y = Ae^{2x} + Be^{3x} \quad (A, B \text{ は任意定数})$$

例題 3

微分方程式 $y'' - 6y' + 9y = 0$ を解け。

解答 特性方程式 $\lambda^2 - 6\lambda + 9 = 0$ より, $(\lambda - 3)^2 = 0$ となり, $\lambda = 3$ (重根) である。よって, 一般解は,

$$y = Ae^{3x} + Bxe^{3x} \quad (A, B \text{ は任意定数})$$

例題 4

微分方程式 $y'' - 4y' + 7y = 0$ を解け。

解答 特性方程式 $\lambda^2 - 4\lambda + 7 = 0$ より, $\lambda = 2 \pm \sqrt{3}\,i$ である。よって, 一般解は,

$$y = e^{2x}\left(A\cos\sqrt{3}x + B\sin\sqrt{3}x\right) \quad (A, B \text{ は任意定数})$$

演習 11.1.1.

次の微分方程式を解け。

(1) $y' + 5y = 0$ (2) $y'' + y' - 12y = 0$

(3) $y'' + 10y' + 25y = 0$ (4) $y'' + 2y' + 2y = 0$

11.2 定数係数の非同次線形微分方程式 1

要点 1

【1 階の定数係数の非同次線形微分方程式】
微分方程式
$$y' + ay = P(x) \quad (a \text{ は定数}) \tag{11.6}$$
を，**1 階非同次線形微分方程式**という。

微分方程式 (11.6) の解法は以下のとおりである。
（ステップ 1）$y' + ay = 0$ をとき，その解を y_0 とする。
（ステップ 2）式 (11.6) の**特殊解**を 1 つ見つけ，それを η（エータ）とする。
（ステップ 3）式 (11.6) の一般解 y は，$y = y_0 + \eta$ である。

解説 $y = y_0 + \eta$ が一般解であることを示す。実際，$y = y_0 + \eta$ と $y' = y_0' + \eta'$ を，$\eta' + a\eta = P(x)$ であることに注意して，式 (11.6) の左辺に代入すると，

$$\text{左辺} = y' + ay = y_0' + \eta' + a(y_0 + \eta) = \eta' + a\eta = P(x) = \text{右辺}$$

となる。

要点 2

【特殊解の見つけ方】

$P(x) = 0$ の特性方程式の解を $\lambda = \alpha$ とする。このとき，特殊解 η を見つける方法として，以下の①，②，③，④ がある。

① $P(x) = Tx + U$ の場合，$\eta = Ax + B$ とおいて，A, B を決定する。
② $P(x) = Te^{kx}\ (k \neq -a)$ の場合，$\eta = Ae^{kx}$ とおいて，A を決定する。
③ $P(x) = Te^{-ax}$ の場合，$\eta = Axe^{-ax}$ とおいて，A を決定する。
④ $P(x) = T\sin kx + U\cos kx$ の場合，$\eta = A\sin kx + B\cos kx$ とおいて，A, B を決定する。

例題 1

微分方程式 $y' + 2y = 6x + 1$ の一般解を求めよ。

解答 （ステップ 1）$y' + 2y = 0$ を解く。特性方程式の解が $\lambda = -2$ であるので，$y_0 = Ce^{-2x}$（C は任意定数）である。

（ステップ 2）特殊解を $\eta = Ax + B$ と置く。$\eta' = A$ であり，与式に代入すると，

$$2Ax + A + 2B = 6x + 1$$

を得る。したがって，$2A = 6, A + 2B = 1$ より，$A = 3, B = -1$, すなわち，$\eta = 3x - 1$ を得る。

（ステップ 3）一般解は，$y = y_0 + \eta = Ce^{-2x} + 3x - 1$ である。

例題 2

微分方程式 $y' + 2y = 10e^{3x}$ の特殊解 η を求めよ。

解答 $\eta = Ae^{3x}$ と置くと，$\eta' = 3Ae^{3x}$ である．与式に代入すると，$5Ae^{-3x} = 10e^{-3x}$ である．よって，$A = 2$，すなわち，特殊解は $\eta = 2e^{3x}$ である．

例題 3

微分方程式 $y' + 2y = 3e^{-2x}$ の特殊解 η を求めよ．

解答 特性方程式の解が $\lambda = -2$ であるので，$\eta = Axe^{-2x}$ と置く必要がある．このとき，$\eta' = Ae^{-2x} - 2Axe^{-2x}$ であり，これらを与式に代入すると，$Ae^{-2x} = 3e^{-2x}$ である．よって，$A = 3$，すなわち，特殊解は $\eta = 3xe^{-2x}$ である．

例題 4

微分方程式 $y' + 2y = \sin 3x$ の特殊解を求めよ．

解答 $\eta = A\sin 3x + B\cos 3x$ と置くと，$\eta' = 3A\cos 3x - 3B\sin 3x$ である．与式に代入すると，$(2A - 3B)\sin 3x + (3A + 2B)\cos 3x = \sin 3x$ である．よって，$2A - 3B = 1, 3A + 2B = 0$，これより，$A = \dfrac{2}{13}, B = -\dfrac{3}{13}$，すなわち，特殊解は $\eta = \dfrac{2}{13}\sin 3x - \dfrac{3}{13}\cos 3x$ である．

演習 11.2.1.

微分方程式 $y' + y = 3x + 2$ の一般解を求めよ．

演習 11.2.2.

微分方程式の特殊解を求めよ。

(1) $y' + y = 3e^{2x}$ (2) $y' + y = 2e^{-x}$ (3) $y' + y = \cos 2x$

11.3 定数係数の非同次線形微分方程式 2

要点

【2 階の定数係数の非同次線形微分方程式】
微分方程式
$$y'' + ay' + by = P(x) \quad (a, b \text{ は定数}) \tag{11.7}$$
を，2 階の定数係数の非同次線形微分方程式という。

例題 1
微分方程式 $y'' - 4y' + 3y = 9x^2 - 5$ の一般解を求めよ。

解答 （ステップ 1）$y'' - 4y' + 3y = 0$ を解く。特性方程式の解が $\lambda = 1, 3$ であるので，$y_0 = C_1 e^x + C_2 e^{3x}$ （C_1, C_2 は任意定数）である。

（ステップ 2）特殊解を $\eta = Ax^2 + Bx + C$ と置く。$\eta' = 2Ax + B$, $\eta'' = 2A$ であり，与式に代入すると，

$$3Ax^2 + (-8A + 3B)x + 2A - 4B + 3C = 9x^2 - 5$$

を得る。したがって，$3A = 9, -8A + 3B = 0, 2A - 4B + 3C = -5$ より，$A = 3, B = 8, C = 7$, すなわち，$\eta = 3x^2 + 8x + 7$ を得る。

（ステップ3）一般解は，$y = y_0 + \eta = C_1 e^x + C_2 e^{3x} + 3x^2 + 8x + 7$ である。

例題 2

微分方程式 $y'' - 4y' + 4y = 3e^x$ の一般解を求めよ。

解答 （ステップ1）$y'' - 4y' + 4y = 0$ を解く。特性方程式の解が $\lambda = 2$（重解）であるので，$y_0 = C_1 e^{2x} + C_2 x e^{2x}$ （C_1, C_2 は任意定数）である。

（ステップ2）特殊解を $\eta = Ae^x$ と置く。$\eta' = \eta'' = Ae^x$ であり，与式に代入すると，

$$Ae^x = 3e^x$$

を得る。したがって，$A = 3$ より，$\eta = 3e^x$ を得る。

（ステップ3）一般解は，$y = y_0 + \eta = C_1 e^{2x} + C_2 x e^{2x} + 3e^x$ である。

例題 3

微分方程式 $y'' - 4y' + 4y = e^{2x}$ の特殊解を求めよ。

解答 $y'' - 4y' + 4y = 0$ の特性方程式の解が $\lambda = 2$（重解）であり，$y_0 = C_1 e^{2x} + C_2 x e^{2x}$ であることから，特殊解を $\eta = Ax^2 e^{2x}$ と置く。$\eta' = 2Axe^{2x} + 2Ax^2 e^{2x}$, $\eta'' = 2Ae^{2x} + 8Axe^{2x} + 4Ax^2 e^{2x}$ であり，与式に代入すると，

$$2Ae^{2x} = e^{2x}$$

を得る。したがって，$A = \dfrac{1}{2}$ より，$\eta = \dfrac{1}{2} x^2 e^{2x}$ を得る。

演習 11.3.1.
次の微分方程式の一般解を求めよ．
(1) $y'' + y' - 6y = 2x + 1$　　　(2) $y'' - 6y' + 9y = e^{2x}$

演習 11.3.2.
次の微分方程式の特殊解を求めよ．
(1) $y'' - 6y' + 9y = 2e^{3x}$　　　(2) $y'' - 6y' + 9y = \sin x$

11.4　第 11 章のポイントを振り返る

第 11 章の内容のポイントを問題形式で振り返ろう．

問題 1. 1 階の同次線形微分方程式 $y' + ay = 0$ の解法を述べてみよう．

問題 2. 2 階の同次線形微分方程式 $y'' + ay' + by = 0$ の解の種類の分類を忘れずに，解法を述べてみよう．

問題 3. 1 階の非同次線形微分方程式 $y' + ay = P(x)$ の解法を述べてみよう．

問題 4. 2 階の非同次線形微分方程式 $y'' + ay' + by = P(x)$ の解法を述べてみよう．

第12章　振動の微分方程式

　本章が最終章である。前章で扱った微分方程式の内容が物理的にどのように扱われるかを見てもらう。章題のとおり，扱う内容はすべて振動に関するものである。振動という現象から周期性が関係すると考えることは自然である。したがって，三角関数がなんらかの形で関係してくることも想像できるであろう。

【偉大な数学的詩】
ジャン・バティスト・ジョゼフ・フーリエ（Jean Baptiste Joseph Fourier, 1768–1830 年）は，1822 年に著作『熱の解析的理論』を出版した。ケルヴィン卿に"偉大な数学的詩"と言わしめたこの本は，三角関数の無限級数であるフーリエ級数を提示している。それは振動や熱の伝導に関する微分方程式の解となり，その有効性から彼の研究は物理と数学の基礎となっている。フーリエはフランス革命期の数学者であり，1798 年にナポレオンのエジプト遠征に加わっている。

12.1 単振動

【単振動】

単振動の運動方程式は，

$$m\frac{d^2x}{dt^2} = -kx \tag{12.1}$$

で，与えられる。

解説 単振動は，ばねの物理現象を記述したものである。すなわち，ばねの一端が壁に固定され，他端に質量 m のおもりをつけて振動させたときの運動で，フックの法則に従うものとされている。すなわち，「位置 x にあるおもりに働く復元力 F は，距離 x に比例する」（おもりと床との摩擦力は無視している）というものであり，ニュートンの第 2 法則から，$F = m\dfrac{d^2x}{dt^2}$ であるので，式 (12.1) を得る。k は**ばね定数**と呼ばれる比例定数である。

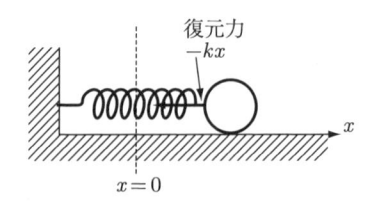

12.1. 単振動

> **例題**
>
> x 軸上で，質量 0.10 kg の質点 P が，ばね定数 $k = 4.0$ のばねによる単振動を行っている。以下の問いに答えよ。
> (1) 初期条件を $t = 0$ (sec), $x = 0$ m, $v_0 = 0.5$ m/(sec) とするとき，この単振動の運動方程式をたてて，それを解け。
> (2) P の運動の振幅と周期 T を求めよ。

解答 (1) 運動方程式は，

$$0.1 \frac{d^2 x}{dt^2} = -4x \quad (\text{初期条件 } t = 0, x = 0, v = 0.5)$$

であり，この特性方程式 $0.1\lambda^2 + 4 = 0$ から，$\lambda = \pm 2\sqrt{10}\, i$ を得る。したがって，

$$x = A \sin 2\sqrt{10}\, t + B \cos 2\sqrt{10}\, t \quad (A, B \text{ は任意定数})$$

を得る。これより，

$$v = x' = 2\sqrt{10} \left\{ A \cos 2\sqrt{10}\, t - B \sin 2\sqrt{10}\, t \right\}$$

も得られる。初期条件 $t = 0, x = 0, v = 0.5$ より，$A = \dfrac{1}{4\sqrt{10}}, B = 0$ がわかる。したがって，解は，$x = \dfrac{1}{4\sqrt{10}} \sin 2\sqrt{10}\, t$ である。

(2) (1) から得られた解より，振幅は $\dfrac{1}{4\sqrt{10}}$，おおよそ 0.1 m で，周期は，$T = \dfrac{2\pi}{2\sqrt{10}} = \dfrac{\pi}{\sqrt{10}}$ である。おおよそ 0.99 (sec) である。

演習 12.1.1.

x 軸上で，質量 0.20 kg の質点 P が，ばね定数 $k = 2.0$ のばねによる単振動を行っている。以下の問いに答えよ。

(1) 初期条件を $t=0$ (sec), $x=0$ m, $v=0.1$ m/(sec) とするとき，この単振動の運動方程式をたてて，それを解け．
(2) P の運動の振幅と周期 T を求めよ．

演習 12.1.2.

質量 m の質点 P が，x 軸上でばね定数 k のばねによる単振動を行っている．以下の問いに答えよ．
(1) 初期条件を $t=0$, $x=0$, $v=v_0$ とするとき，この単振動の運動方程式をたてて，それを解け．
(2) P の運動の振幅と周期 T を求めよ．

12.2　単振り子

要点

【単振り子】

単振り子の運動方程式は，
$$m\frac{d^2s}{dt^2} = -mg\sin\theta \tag{12.2}$$
で，与えられる．ここで，s は振り子の最下点から円弧に沿って測った長さで，角 θ は弧度（ラジアン）である．

解説　図のように単振り子の糸が鉛直方向と角 θ だけ傾いたとき，重力の接線方向の成分は $mg\sin\theta$ であるので，式 (12.2) が得られるのであ

る．特に，θ が小さいとき，$\sin\theta$ は θ で近似でき，さらに，糸の長さを l としたとき，$\theta = \dfrac{s}{l}$ であるので，運動方程式 (12.2) を，簡単に考えて

$$\frac{d^2s}{dt^2} = -\frac{g}{l}s \tag{12.3}$$

として扱う場合もある．

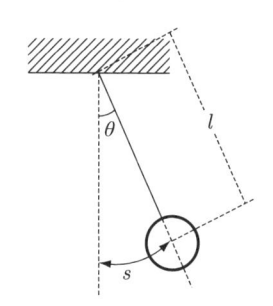

例題

長さ $l = 2.0$ m の単振り子の微分方程式を解け．ただし θ は小さいものとして $\sin\theta = \theta$ として解き，さらに振幅と周期を求めよ．ただし，初期条件を $t = 0$ (sec) のとき $s = 0$ m, $s' = 0.8$ m/(sec) とせよ．

解答

微分方程式は，

$$\frac{d^2s}{dt^2} = -\frac{g}{2}s \quad \text{(初期条件：} t = 0,\ s = 0,\ s' = 0.8\text{)}$$

である．特性方程式は $\lambda^2 + \dfrac{g}{2} = 0$ より，虚数解 $\lambda = \pm\sqrt{\dfrac{g}{2}}\,i$ である．したがって，

$$s = A\sin\sqrt{\frac{g}{2}}\,t + B\cos\sqrt{\frac{g}{2}}\,t \quad (A,\ B \text{ は任意定数})$$

である．さらに，

$$s' = \sqrt{\frac{g}{2}}\left(A\cos\sqrt{\frac{g}{2}}\,t - B\sin\sqrt{\frac{g}{2}}\,t\right)$$

である。$t=0$ のとき，$s=0, s'=0.8$ より，連立方程式

$$\sqrt{\frac{g}{2}}A = 0.8, \quad B = 0$$

である。したがって，$A = 0.8\sqrt{\frac{2}{g}}$ である。ゆえに，

$$s = 0.8\sqrt{\frac{2}{g}} \sin \sqrt{\frac{g}{2}} t$$

である。したがって，振幅は $0.8\sqrt{\frac{2}{g}}$，おおよそ 0.4 m である。また，周期は $2\pi\sqrt{\frac{2}{g}}$，おおよそ 2.8 (sec) である。

演習 12.2.1.

長さ $l = 10$ m の単振り子の微分方程式を解け。ただし θ は小さいものとして $\sin\theta = \theta$ として解き，$t = 10$ のときの振り子の角 θ の近似解を求めよ。ただし，初期条件を $t = 0$ (sec) のとき $s = 50$ cm, $s' = 0$ m/(sec) とせよ。

12.3 減衰振動

要点

【減衰振動】

減衰振動の運動方程式は，

$$m\frac{d^2x}{dt^2} = -kx - b\frac{dx}{dt} \tag{12.4}$$

で，与えられる。

解説 減衰振動は単振動に摩擦の項を考慮したものである。摩擦力の大きさはおもりの速さ $v = \dfrac{dx}{dt}$ に比例し，その向きはおもりの進行を妨げる向きであるものとされている。したがって，式(12.4) をみればわかるように，摩擦力の項は $-b\dfrac{dx}{dt}$ である。

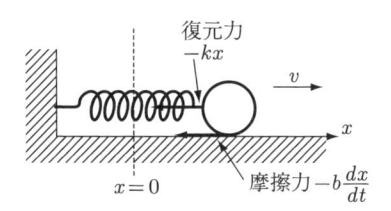

ばね以外の例としては，電気回路の中の LCR 回路における電流がある。LCR 回路では，q を電気量，I を電流，C をキャパシティーの容量，R を抵抗とすると，以下の関係式が得られる。

$$I = -\frac{dq}{dt} \tag{12.5}$$

$$V = \frac{q}{C} = L\frac{dI}{dt} + RI \tag{12.6}$$

式 (12.6) より,
$$L\frac{dL}{dt} + RI - \frac{q}{C} = 0 \tag{12.7}$$
式 (12.7) を微分して, I の t に関する微分方程式
$$L\frac{d^2I}{dt^2} + R\frac{dI}{dt} + \frac{1}{C}I = 0 \tag{12.8}$$
が得られる。

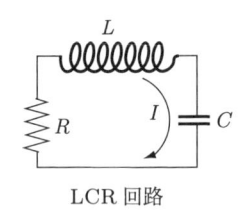

LCR 回路

例題

x 軸上で質量 0.1 kg の質点 P が, ばね定数 $k = 10$ のばねで, 速さに比例する摩擦力が作用する振動を行っているとする。ただし比例定数は 1 とする。以下の問いに答えよ。

(1) 初期条件を $t = 0$ (sec), $x = 0$ m, $v_0 = 0.2$ m/(sec) とするとき, この単振動の運動方程式をたてよ。

(2) (1) でたてた運動方程式を解け。

解答 (1) 運動方程式は,
$$0.1\frac{d^2x}{dt^2} = -10x - \frac{dx}{dt} \quad (\text{初期条件}: t = 0, x = 0, v = 0.2) \tag{12.9}$$
である。

(2) $0.1x''+x'+x=0$ の特性方程式 $0.1\lambda^2+\lambda+10=0$ から, $\lambda=-5\pm 5\sqrt{3}\,i$ を得る。したがって,一般解は,
$$x=e^{-5t}\left(A\sin 5\sqrt{3}\,t + B\cos 5\sqrt{3}\,t\right) \quad (A,\,B\text{ は任意定数})$$
であり,同時に,
$$x'=e^{-5t}\left\{-(5A+5\sqrt{3}B)\sin 5\sqrt{3}\,t+(5\sqrt{3}A-5B)\cos 5\sqrt{3}\,t\right\}$$
も得られる。

初期条件 $(t=0,\,x=0,\,v=0.2)$ より,
$$A=\frac{1}{25\sqrt{3}}, \quad B=0$$
が得られる。したがって,
$$x=\frac{1}{25\sqrt{3}}e^{-5t}\sin 5\sqrt{3}\,t$$
である。

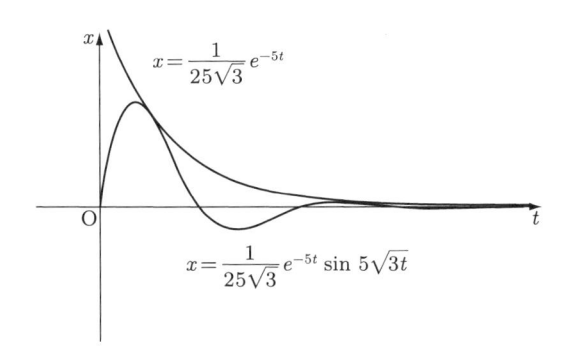

演習 12.3.1.

x 軸上で,質量 $0.2\,\mathrm{kg}$ の質点 P が,ばね定数 $k=10$ のばねで,速さに比例する摩擦力が作用する振動を行っているとする。ただし比例定数は 2 とする。以下の問いに答えよ。

(1) 初期条件を $t = 0$ (sec), $x = 0$ m, $v_0 = 0.4$ m/(sec) とするとき，この単振動の運動方程式をたてよ．

(2) (1) でたてた運動方程式を解け．

12.4　強制振動

要点

【強制振動】
　強制振動の運動方程式は，
$$m\frac{d^2x}{dt^2} = -k(x - x_0) \tag{12.10}$$
で，与えられる．ここで，x_0 も t の関数である．

解説　単振動では，固定端があったが，この場合では，その固定端が振動する場合を扱ったものである．図のように，x_0 は Q のつり合いの位置からのずれを表している．したがって，ばねの正味の伸びは，$x - x_0$ となるので，運動方程式 (12.10) が得られる．

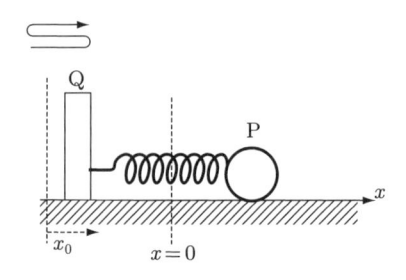

電気回路の中の LCR 回路では，次の図のような場合を考える．回路 (I) では，$I_1 = I_{01} \cos \omega t$ の電流が流れているものとする．回路 (II) では，物理的な議論により，

$$L\frac{dI}{dt} + M\frac{dI_1}{dt} + RI - \frac{q}{C} = 0 \tag{12.11}$$

となる（詳しくは適当な物理の本を見よ）．式 (12.11) を微分して，微分方程式

$$L\frac{d^2I}{dt^2} + R\frac{dI}{dt} + \frac{1}{C}I = MI_{01}\omega^2 \cos \omega t \tag{12.12}$$

が得られる．

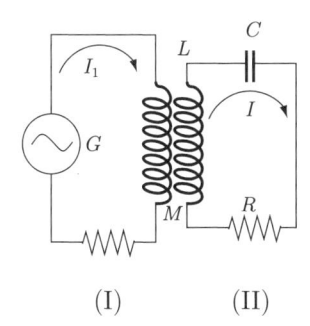

交流電源 G によって，I_1 が流れている．
回路 (I) (II) は相互インダクタンス M で結合されている．
回路 (II) は自己インダクタンス L をもっている．

例題

質量 0.1 kg の質点 P が，x 軸上でばね定数が $k = 10$ のばねで，$x_0 = -0.1 \cos t$ をもつ強制振動を行っているとする．以下の問いに答えよ．

(1) 初期条件を $t = 0$ (sec), $x = 0$ m, $v_0 = 0.5$ m/(sec) とするとき，この単振動の運動方程式をたてよ．

(2) (1) でたてた運動方程式を解け．

解答 (1) 運動方程式は,
$$0.1\frac{d^2x}{dt^2} = -10\,(x + 0.1\cos t) \quad (初期条件\ t=0,\ x=0,\ v=0.5) \quad (12.13)$$
である。

(2)(ステップ1)$0.1x'' + 10x = 0$ の特性方程式 $0.1\lambda^2 + 10 = 0$ から,$\lambda = \pm 10\,i$ を得る。したがって,
$$x = C_1\cos 10t + C_2\sin 10t \quad (C_1, C_2\ は任意定数)$$
を得る。

(ステップ2)特殊解を求めるために,$\eta = A\cos t + B\sin t$ と置く。$\eta' = -A\sin t + B\cos t$,$\eta'' = -A\cos t - B\sin t$ であり,これらを,式 (12.13) に代入すると,
$$0.1(-A\cos t - B\sin t) + 10(A\cos t + B\sin t) = -\cos t$$
$$\Rightarrow 9.9A\cos t + 9.9B\sin t = -\cos t$$
を得る。したがって,$A = -\dfrac{10}{99}$,$B = 0$ より,特殊解 $\eta = -\dfrac{10}{99}\cos t$ である。したがって,一般解は,
$$x = C_1\cos 10t + C_2\sin 10t - \frac{10}{99}\cos t$$
であり,これより
$$x' = 10(-C_1\sin 10t + C_2\cos 10t) + \frac{10}{99}\sin t$$
も得る。初期条件 $(t=0,\ x=0,\ v=x'=0.5)$ より,
$$C_1 = \frac{10}{99},\quad C_2 = \frac{1}{20}$$
が得られる。したがって,
$$x = \frac{10}{99}\cos 10t + \frac{1}{20}\sin 10t - \frac{10}{99}\cos t$$

を得る。

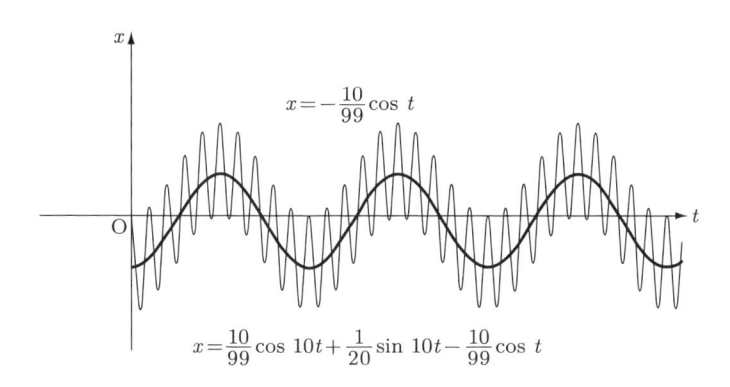

$$x = -\frac{10}{99}\cos t$$

$$x = \frac{10}{99}\cos 10t + \frac{1}{20}\sin 10t - \frac{10}{99}\cos t$$

演習 12.4.1.

x 軸上で，質量 $0.2\,\mathrm{kg}$ の質点 P が，ばね定数 $k = 8$ のばねで，$x_0 = 2\cos t$ をもつ強制振動を行っているとする．以下の問いに答えよ．

(1) 初期条件を $t = 0$ (sec), $x = 0$ m, $v_0 = 0.4$ m/(sec) とするとき，この単振動の運動方程式をたてよ．

(2) (1) でたてた運動方程式を解け．

12.5 第 12 章のポイントを振り返る

第 12 章の内容のポイントを問題形式で振り返ろう．

問題 1. 単振動の運動方程式を書き，各自で適当な数値を与え，その解法を述べてみよう．さらに振動のグラフをイメージしてみよう．

問題 2. 単振り子の運動方程式を書き，各自で適当な数値を与え，その解法を述べてみよう．さらに振動のグラフをイメージしてみよう．

問題 3. 減衰振動の運動方程式を書き，各自で適当な数値を与え，その解法を述べてみよう．さらに振動のグラフをイメージしてみよう．

問題 4. 強制振動の運動方程式を書き，各自で適当な数値を与え，その解法を述べてみよう．さらに振動のグラフをイメージしてみよう．

演習と章末問題の解答

（章末問題の解答は抜粋して掲載）

【第 1 章】

演習 1.1.1.

(1) $y' = 3x^2 \implies f'(2) = 12$

(2) $y' = -x^{-2} \implies f'(2) = -\dfrac{1}{4}$, 　　接線の方程式：$y = -\dfrac{1}{4}x + 1$

演習 1.2.1.

$$\lim_{\Delta x \to 0} \frac{\frac{1}{x+\Delta x} - \frac{1}{x}}{\Delta x} = \lim_{\Delta x \to 0} \frac{-\Delta x}{x(x+\Delta x)\Delta x} = \lim_{\Delta x \to 0} \frac{-1}{x(x+\Delta x)} = -\frac{1}{x^2}$$

演習 1.2.2.

(1) $y' = 0$　　(2) $y' = 5x^4$　　(3) $y' = 7x^6$　　(4) $y' = -\dfrac{1}{x^2}$

(5) $y' = -\dfrac{3}{x^4}$　　(6) $y' = -\dfrac{5}{x^6}$

演習 1.2.3.

1.0002

演習 1.3.1.

(1) $y' = 5x^4 - 2x + 1$　　(2) $y' = 2x - \dfrac{2}{x^3}$　　(3) $y' = 18x - 6$

演習 1.4.1.

(1) $\dfrac{2}{3}x^3 + C$ (2) $-\dfrac{3}{4}x^4 + C$ (3) $\dfrac{3}{2}y^2 + C$ (4) $-\dfrac{1}{3s^3} + C$

(5) $\dfrac{1}{12}x^4 + \dfrac{2}{3}x^3 + \dfrac{1}{2}x + C$ (6) $\dfrac{1}{6}t^3 - \dfrac{1}{2t^4} + C$

演習 1.5.1.

(1) $\dfrac{1}{3}x^3 + 1$ (2) $-\dfrac{3}{5}x^5 - \dfrac{7}{5}$ (3) $-\dfrac{1}{2t^4} - \dfrac{5}{2}$

1.6 節

問題 1.

(1) グラフは山の形（凸）か谷の形（凹）になっており，以下の図のように $x = a$ は山頂または谷底を示す。

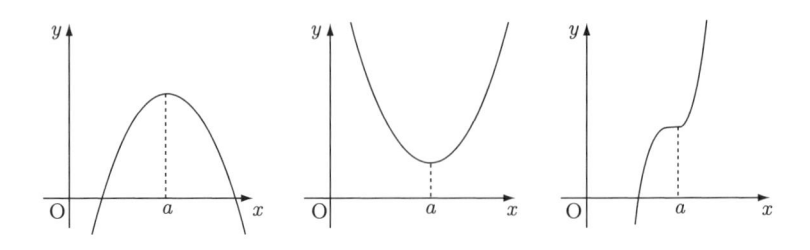

(2) グラフが x 方向に対して増加している（右上がり）。

(3) グラフが x 方向に対して減少している（右下がり）。

問題 2.

(1) $\sqrt{4.05} = \sqrt{4 + 0.05}$ を $x = 4$, $\Delta x = 0.05$ とする。$f(x) = \sqrt{x}$ と置くと $f'(x) = \dfrac{1}{2\sqrt{x}}$ より，$f'(4) = \dfrac{1}{4}$ である。$\Delta y \fallingdotseq dy$ を使うと，
$\sqrt{4.05} - 2 \fallingdotseq f'(4) \times 0.05 = \dfrac{0.05}{4}$ より $\sqrt{4.05} \fallingdotseq 2.0125$ である。

(2) 微分 $dy = f'(a)dx$ から $dy = y - f(a)$, $dx = x - a$ とすると, 接線の方程式 $y - f(a) = f'(a)(x - a)$ が得られる。

問題 3. 略

問題 4. 略

問題 5.
$f(x)$ の不定積分 $\int f(x)dx$ は, $\int f(x)dx = F(x) + C$ と書かれる。初期条件から C が定まる。

【第 2 章】

演習 2.1.1.
(1) $\dfrac{dv}{dt} = a$ （初期条件：$t = 0, v = 20$）
(2) $v = at + 20$
(3) $a = 1.2$ m/(sec)
(4) $x = -0.6t^2 + 20t$ $(t = 10)$ より 140 m

演習 2.1.2.
(1) $\dfrac{dv}{dt} = a$ より, $v = at + C$（C は任意定数）である。$t = 0$ のとき, $v = v_0$ であるので, $C = v_0$ である。よって, $v = at + v_0$ である。
(2) $\dfrac{dx}{dt} = v$ より, $\dfrac{dx}{dt} = at + v_0$ である。よって, $x = \dfrac{1}{2}at^2 + v_0 t + C$（$C$ は任意定数）である。$t = 0$ のとき, $x = x_0$ であるので, $C = x_0$ である。よって, $x = \dfrac{1}{2}at^2 + v_0 t + x_0$ である。

(3) $v^2 - v_0^2 = (at + v_0)^2 - v_0^2 = a^2t^2 + 2av_0t = 2a\left(\dfrac{1}{2}at^2 + v_0t\right)$
$= 2a(x - x_0)$, 最後のところで $x - x_0 = \dfrac{1}{2}at^2 + v_0t$ を使った。

演習 2.2.1.

(1) $\dfrac{dv}{dt} = -g$ （初期条件：$t = 0, v = 0$）

(2) $v = -gt$

(3) $\dfrac{dy}{dt} = -gt$ （初期条件：$t = 0, y = 50$）

(4) $y = -\dfrac{1}{2}gt^2 + 50$

(5) $t = \dfrac{10}{\sqrt{g}}$ （約 3.2 秒）

(6) $v = -10\sqrt{g}$ （約 -31 m/(sec)）

演習 2.2.2.

(1) $\dfrac{dv}{dt} = -g$ （初期条件：$t = 0, v = 0$）を解いて，$v = -gt$ を得る。

(2) $\dfrac{dx}{dt} = -gt$ （初期条件：$t = 0, y = y_0$）を解いて，$y = -\dfrac{1}{2}gt^2 + y_0$ を得る。

演習 2.3.1.

(1) $\dfrac{dv}{dt} = -g$ （初期条件：$t = 0, v = 10$）

(2) $v = -gt + 10$

(3) $\dfrac{dy}{dt} = -gt + 10$ （初期条件：$t = 0, y = 0$）

(4) $y = -\dfrac{1}{2}gt^2 + 10t$

(5) $t = \dfrac{10}{g}$ （約 1.0 秒）

(6) $y = \dfrac{10^2}{2g}$ (約 5.1 m)

演習 2.3.2.

(1) $\dfrac{dv}{dt} = -g$（初期条件：$t=0, v=v_0$）を解いて，$v = -gt + v_0$ を得る。

(2) $\dfrac{dy}{dt} = -gt + v_0$（初期条件：$t=0, y=0$）を解いて，$y = -\dfrac{1}{2}gt^2 + v_0 t$ を得る。

(3) 公式 (1) と $v = 0$ より，$t = \dfrac{v_0}{g}$ である。

(4) 公式 (2) より，$y = \dfrac{v_0^2}{2g}$ である。

演習 2.4.1.

(1) $v_x = 15, v_y = -gt$

(2) $(x, y) = \left(15t,\ -\dfrac{1}{2}gt^2 + 50\right)$

(3) おおよそ，(45 m, 5.9 m)

(4) $t = \dfrac{10}{\sqrt{g}}$，おおよそ 3.2 秒

演習 2.4.2.

(1) $\dfrac{dx}{dt} = v_0, \dfrac{dy}{dt} = -gt$，（初期条件：$t=0, x=0, y=y_0$）を解いて，$x = v_0 t, y = -\dfrac{1}{2}gt^2 + y_0$ を得る。

(2) $y = 0$, すなわち，$-\dfrac{1}{2}gt^2 + y_0 = 0$ より $t = \sqrt{\dfrac{2y_0}{g}}$ を得る。

演習 2.5.1.

(1) $v_x = 14\cos 45° = 7\sqrt{2}, v_y = 14\sin 45° - gt = 7\sqrt{2} - gt$

(2) $(x, y) = \left(7\sqrt{2}\,t,\ 7\sqrt{2}\,t - \dfrac{1}{2}gt^2\right)$

(3) $\left(14\sqrt{2}\,\mathrm{m},\ (14\sqrt{2}-2g)\,\mathrm{m}\right)$, おおよそ $(20\,\mathrm{m},\ 0.20\,\mathrm{m})$

(4) $t = \dfrac{7\sqrt{2}}{g}$（約 1.0 秒）で，$(x, y) = \left(\dfrac{(7\sqrt{2})^2}{g},\ \dfrac{(7\sqrt{2})^2}{2g}\right)$, おおよそ $(10\,\mathrm{m},\ 5.0\,\mathrm{m})$ である。

演習 2.5.2.

(1) $\dfrac{dx}{dt} = v_0 \cos\theta_0,\ \dfrac{dy}{dt} = v_0 \sin\theta_0 - gt$,（初期条件：$t=0,\ x=0,\ y=0$）を解いて，$x = (v_0 \cos\theta_0)t,\ y = (v_0 \sin\theta_0)t - \dfrac{1}{2}gt^2$ を得る。

(2) $v_x = v_0 \cos\theta_0,\ v_y = v_0 \sin\theta_0 - gt$ であり，最高到達地点では $v_y = 0$ であるので，$t = \dfrac{v_0 \sin\theta_0}{g}$ のとき最高到達地点に達する。よって，最高到達地点は (1) より，$(x, y) = \left(\dfrac{v_0^2 \cos\theta_0 \sin\theta_0}{g},\ \dfrac{v_0^2 \sin^2\theta_0}{2g}\right)$ である。

【第 3 章】

演習 3.1.1.

$$\int_0^1 x^2 dx = \lim_{n\to\infty} \sum_{k=1}^{n} \left(\dfrac{k}{n}\right)^2 \cdot \dfrac{1}{n} = \lim_{n\to\infty} \dfrac{1}{n^3} \sum_{k=1}^{n} k^2$$
$$= \lim_{n\to\infty} \left(\dfrac{1}{n^3} \cdot \dfrac{n(n+1)(2n+1)}{6}\right) = \lim_{n\to\infty} \left(\dfrac{1}{3} + \dfrac{1}{2n} + \dfrac{1}{6n^2}\right) = \dfrac{1}{3}$$

演習 3.2.1.

$f(-1) = -3,\ f(1) = -1$ より $\dfrac{f(1) - f(-1)}{1 - (-1)} = 1$ である。平均値の定理より $f'(c) = 1\ (-1 \leqq c \leqq 1)$ となる c が存在する。

演習 3.3.1.

(1) $\dfrac{1}{8}\left[x^4\right]_0^2 = 2$

(2) $\left[\dfrac{1}{4}x^4 - \dfrac{1}{3}x^3\right]_{-1}^2 = \dfrac{3}{4}$

【第 4 章】

演習 4.1.1.

(1) $y' = x(2x+1)(10x^2+9x+6)$

(2) $y' = \dfrac{-2x(x-2)}{(2x-1)^2(x+1)^2}$

演習 4.2.1.

$y' = 7(9x^2 - 4x + 1)(3x^3 - 2x^2 + x)^6$

演習 4.3.1.

$\dfrac{1}{n(n+1)}(nx-1)(x+1)^n + C$

演習 4.4.1.

(1) $-\dfrac{85}{8}$ (2) $-\dfrac{1}{3}$

【第 5 章】

演習 5.1.1.

$v = 32$ m/(sec), $x = 32$ m

演習 5.2.1.

(1) $U(x) = -\displaystyle\int_{x_0}^{x} ax\, dx = -\dfrac{a}{2}x^2 + C \quad (C = \dfrac{a}{2}x_0^2$ は定数$)$

(2) $W = a \int_0^l x \, dx = \dfrac{a}{2} l^2$

演習 5.3.1.

$W = 25mg$ であり, 仕事と運動エネルギーの関係より $v^2 = 50g$, すなわち $v = \sqrt{50g}$ m/(sec), 約 22 m/(sec) である。

演習 5.4.1.

$v = \sqrt{144 + 20g}$ m/(sec), 約 18 m/(sec) である。

演習 5.5.1.

$I = 2 \times 4 \cdot 10^5 \displaystyle\int_0^{0.005} t^2 \, dt = \dfrac{1}{30}$ N · (sec)

演習 5.6.1.

負の方向(最初進んでいた方向と逆方向)へ 0.3 m/(sec) の速さで進んだ。

【第 6 章】

演習 6.1.1.

(1) $\dfrac{1}{3}$　　(2) $\dfrac{5}{2}$　　(3) $-\dfrac{3}{2}$

演習 6.1.2.

(1) $5\cos 5x$　　(2) $-7\sin 7x$　　(3) $\dfrac{\sqrt{2}}{\cos^2(\sqrt{2}\,x)}$

演習 **6.1.3.**

(1) $-\dfrac{1}{5}\cos 5x + C$ (2) $2\sin\dfrac{x}{2} + C$ (3) $\dfrac{1}{2}x + \dfrac{1}{4}\sin 2x + C$

演習 **6.2.1.**

(1) $\dfrac{1}{x}$ (2) $\dfrac{2x+3}{x^2+3x+1}$

演習 **6.2.2.**

(1) $5\log|x| + C$ (2) $\dfrac{1}{2}\log|x^4+2x| + C$ (3) $x\log(3x) - x + C$
(4) $\log|\cos x| + C$

演習 **6.3.1.**

(1) $3e^{3x}$ (2) $7^x \log 7$ (3) $e^x \log x + \dfrac{e^x}{x}$

演習 **6.3.2.**

(1) $-e^{-x} + C$ (2) $\dfrac{1}{2}xe^{2x} - \dfrac{1}{4}e^{2x} + C$ (3) $\dfrac{5^x}{\log 5} + C$

演習 **6.4.1.**

(1) $y - 1 = C(x-1)$ (2) $x^2 - \dfrac{1}{2}y^2 + y = C$

演習 **6.4.2.**

(1) $y = x$ (2) $x^2 - \dfrac{1}{2}y^2 + y = 1$

演習 **6.5.1.**

(1) $y = x^4 + Cx^2$ (2) $y = e^x - \dfrac{e^x}{x} + \dfrac{C}{x}$

6.6 節

問題 1.

(1) 0　　(2) $\dfrac{a}{b}$　　(3) $\dfrac{a}{b}$

問題 2.

(1) $a\cos ax$　　(2) $-a\sin ax$　　(3) $\dfrac{a}{\cos^2(ax)}$　　(4) $2a\sin ax\cos ax$

(5) $\dfrac{1}{x}$　　(6) $\dfrac{2ax+b}{ax^2+bx+c}$　　(7) ae^{ax}　　(8) $a^x\log a$

問題 3.

(1) $-\dfrac{1}{a}\cos ax + C$　　(2) $\dfrac{1}{a}\sin ax + C$　　(3) $\dfrac{x}{2} - \dfrac{\sin 2ax}{4a} + C$

(4) $\dfrac{x}{2} + \dfrac{\cos 2ax}{4a} + C$　　(5) $a\log|x| + C$　　(6) $x\log(ax) - x + C$

(7) $-\log|\cos ax| + C$　　(8) $\dfrac{1}{a}e^{ax} + C$　　(9) $\dfrac{a}{b}xe^{bx} - \dfrac{a}{b^2}e^{bx} + C$

問題 4.

$y = 5x$

問題 5.

(1) $y = \dfrac{1}{8}x^3 + \dfrac{C}{x^5}$　　(2) $y = \dfrac{1}{2}x^2 e^{x^2} + Cx^2$

【第 7 章】

演習 7.1.1.

(1) 質点 P の t 秒後の加速度を求めるには，P の速度関数 $v_x(t), v_y(t)$ を

それぞれ時間 t で微分すればよい。
$$a_x = \frac{dv_x}{dt} = \frac{d}{dt}(-r\omega \sin\omega t) = -r\omega^2 \sin\omega t$$
$$a_y = \frac{dv_y}{dt} = \frac{d}{dt}(r\omega \cos\omega t) = -r\omega^2 \sin\omega t$$

(2) $|a| = \sqrt{a_x^2 + a_y^2} = \sqrt{(r\omega^2)^2 \left(\sin^2\omega t + \cos^2\omega t\right)} = r\omega^2$

(3) 質点 P の位置を (x, y) とすると, $(x, y) = (r\cos\omega t, r\sin\omega t)$ であった。一方 (1) より, 点 P での加速度は $(a_x, a_y) = (-r\omega^2 \cos\omega t, -r\omega^2 \sin\omega t) = (-\omega^2 x, -\omega^2 y)$ である。これは, 点 P から x 方向へ $-\omega^2 x$, y 方向へ $-\omega^2 y$ という方向を向いていることを表している。つまり, 加速度 a は原点方向を向いている。

演習 7.1.2.

(1) $x = 10\cos\left(\dfrac{\pi}{6}t\right)$ cm, $y = 10\sin\left(\dfrac{\pi}{6}t\right)$ cm

(2) $v_x = -\dfrac{5\pi}{3}\sin\left(\dfrac{\pi}{6}t\right)$ cm/(sec), $v_x = -\dfrac{5\pi}{3}\cos\left(\dfrac{\pi}{6}t\right)$ cm/(sec)

(3) $a_x = -\dfrac{5\pi^2}{18}\cos\left(\dfrac{\pi}{6}t\right)$ cm/(sec)^2, $a_y = -\dfrac{5\pi^2}{18}\sin\left(\dfrac{\pi}{6}t\right)$ cm/(sec)^2

演習 7.2.1.

$I = 20(1 - e^{-2t})$

演習 7.3.1.

$I = \dfrac{50}{\sqrt{1600\pi^2 + 4}}\sin(40\pi t - \alpha)$

ただし, α は $\cos\alpha = \dfrac{2}{\sqrt{\omega^2 + 4}}$, $\sin\alpha = \dfrac{\omega}{\sqrt{\omega^2 + 4}}$ をみたす角で約 $88°$ である。

演習 7.3.2.
$L\dfrac{dI}{dt}+RI=V_0\sin\omega t$ を解くと，定常的な解は $\dfrac{V_0}{\sqrt{R^2+(\omega L)^2}}\sin(\omega t-\alpha)$ であることがいえる。

演習 7.4.1.
(1) $\dfrac{dN}{dt}=-kN$（初期条件：$t=0, N=1.0\times 10^{20}$）を解くと，$N=(1\times 10^{20})\times e^{(-8.2\times 10^{-10})t}$ である。したがって，$t=1$ のとき $N=(1\times 10^{20})\times e^{(-8.2\times 10^{-10})}$ 個であるので，崩壊する原子数 ΔN は $\Delta N=N_0-N=8.0\times 10^{10}$ 個である。

(2) $\Delta N=-kN\Delta t$ で，$\Delta t=1.0$ とすると，崩壊する原子数 ΔN は $\Delta N=-(8.2\times 10^{-10})\times(1\times 10^{20})\times 1.0=8.2\times 10^{10}$ 個

【第 8 章】

演習 8.1.1.
(1) $\dfrac{65}{6}$ (2) $\dfrac{2}{3}$

演習 8.1.2.
(1) $\dfrac{125}{6}$ (2) $\dfrac{32}{3}$

演習 8.2.1.
(1) $\dfrac{2}{3}\pi^3$ (2) $\dfrac{a^2}{4}\pi$

演習 8.3.1.
(1) e^a-e^{-a} (2) 8 (3) $8a$

演習 **8.4.1.**

(1) $\left(1 - \dfrac{1}{a}\right)\pi$ (2) $\dfrac{a^2\pi}{2}$

演習 **8.5.1.**

(1) $2\sqrt{2}\, a^2\pi$ (2) $\dfrac{2\pi}{27}\left(\sqrt{(1+9a^4)^3} - 1\right)$

【第 9 章】

演習 **9.1.1.**

$N_y = m\displaystyle\int_0^b xh\,dx = \dfrac{bM}{2}$, $N_x = m\displaystyle\int_a^{h-a} ybm\,dy = \dfrac{(h-2a)M}{2}$ である。 $a = 0$ のとき $N_x = \dfrac{hM}{2}$ で,$a = \dfrac{h}{2}$ のとき $N_x = 0$,すなわち重心の位置を示す。

演習 **9.1.2.**

(1) $N_y = \dfrac{3a}{4}M$, $N_x = \dfrac{3a^2}{10}M$ (2) $x_G = \dfrac{3}{4}a$, $y_G = \dfrac{3}{10}a^2$

演習 **9.2.1.**

(1) $I_x = \dfrac{h^2}{6}M$,ただし $M = \dfrac{bh}{2}m$ (全質量)

(2) $I_y = \dfrac{4bm}{a}\displaystyle\int_0^a x^2\sqrt{a^2-x^2}\,dx = 4a^3bm\displaystyle\int_0^{\frac{\pi}{2}}\sin^2\theta\cos^2\theta\,d\theta$
$= \dfrac{a^3bm\pi}{4} = \dfrac{a^2M}{4}$, $I_x = \dfrac{b^2M}{4}$ より, $I_o = \dfrac{1}{4}(a^2+b^2)M$,ただし $M = ab\pi m$ (全質量)

演習 **9.3.1.**

$L = mr^2\omega = 5 \times 2^2 \times 0.5 = 10.0$ kg·m^2/(sec)

演習 9.3.2.
$$L = \omega I_\text{o} = \frac{\omega a^2}{2} M$$

演習 9.3.3.
$$\alpha = \frac{aF}{I_\text{o}} = \frac{2F}{aM}$$

演習 9.4.1.
$$I_\text{o} = \frac{mbh}{3}(h^2 + b^2) = \frac{M}{3}(h^2 + b^2) \text{ より，} \quad E = \frac{1}{2}I_\text{o}\omega^2 = \frac{M}{6}(h^2+b^2)\omega^2$$

9.5 節

問題 1.
(1) $N_y = \dfrac{4}{5}aM$, $N_x = \dfrac{2}{7}a^3 M$ （2）$x_G = \dfrac{4}{5}a$, $y_G = \dfrac{2}{7}a^3$

問題 2.
(1) $I_y = \dfrac{M}{2}$
(2) $I_y = \dfrac{2M}{3}$, $I_x = \dfrac{2M}{15}$ より，$I_\text{o} = \dfrac{4M}{5}$

問題 3.
$I_\text{o} = \dfrac{2a^2 M}{3}$ で $L = \omega I_\text{o}$ より，$L = \dfrac{2}{3}\omega a^2 M$

問題 4.
$$\alpha = \frac{6F}{Ml}$$

問題 5.
$$E = \frac{a^2}{4}M\omega^2$$

【第10章】

演習 10.1.1.

(1) $n = 2k$ のとき $y^{(n)} = (-1)^k \cos x$, $n = 2k+1$ のとき $y^{(n)} = (-1)^{k+1} \sin x$

(2) $y^{(n)} = (-1)^n e^{-x}$

(3) $y^{(n)} = (-1)^{n+1} \dfrac{(n-1)!}{x^n}$

演習 10.2.1.

(1) $e^x = 1 + x + \dfrac{x^2}{2!} + \dfrac{x^3}{3!} + \dfrac{x^4}{4!}$

(2) $e = 1 + 1 + \dfrac{1}{2!} + \dfrac{1}{3!} + \dfrac{1}{4!} = 2.70833$

(3) $|R_5| = e^\theta < \dfrac{2.8}{5!} < 0.0234$

演習 10.3.1. 略

演習 10.3.2.

$y = \dfrac{1}{5} + \dfrac{x}{5^2} + \dfrac{x^2}{5^3} + \cdots \ (-5 < x < 5)$

演習 10.4.1.

(1) $\dfrac{\sqrt{3}}{2} + \dfrac{1}{2}i$ (2) $-\dfrac{1}{2} + \dfrac{\sqrt{3}}{2}i$ (3) $-\dfrac{\sqrt{2}}{2} + \dfrac{\sqrt{2}}{2}i$ (4) -1

10.5 節

問題 1.

(1) $y^{(n)} = (-a)^n e^{-ax}$

(2) $n = 2k$ のとき $y^{(n)} = (-1)^k a^n \cos ax$, $n = 2k+1$ のとき $y^{(n)} = (-1)^{k+1} a^n \sin ax$

(3) $y^{(n)} = (-1)^{n+1} \dfrac{(n-1)!}{x^n}$

問題 2.

(1) $y = x - \dfrac{x^2}{2} + \dfrac{x^3}{3}$

(2) $\log 1.5 = 0.5 - \dfrac{(0.5)^2}{2} + \dfrac{(0.5)^3}{3} = 0.4167$

(3) $|R_4| = \left| \dfrac{(0.5)^4}{4!} \cdot \dfrac{-(3!)}{(1+0.5\theta)} \right| < 0.0157$

問題 3. 略

問題 4. 略

【第 11 章】

演習 11.1.1.

(1) $y = Ce^{-5x}$ （C は任意定数）

(2) $y = Ae^{-4x} + Be^{3x}$ （A, B は任意定数）

(3) $y = Ae^{-5x} + Bxe^{-5x}$ （A, B は任意定数）

(4) $y = e^{-x}(A\cos x + B\sin x)$ （A, B は任意定数）

演習 11.2.1.

$y = Ce^{-x} + 3x - 1$ （C は任意定数）

演習 11.2.2.

(1) e^{2x} (2) $2xe^{-x}$ (3) $\dfrac{1}{5}\cos 2x + \dfrac{2}{5}\sin 2x$

演習 11.3.1.

(1) $y = Ae^{-3x} + Be^{2x} - \dfrac{1}{3}x - \dfrac{2}{9}$ （A, B は任意定数）
(2) $y = Ae^{3x} + Bxe^{3x} + e^{2x}$ （A, B は任意定数）

演習 11.3.2.

(1) $x^2 e^{3x}$ (2) $\dfrac{2}{25}\sin x + \dfrac{3}{50}\cos x$

【第 12 章】

演習 12.1.1.

(1) $x = \dfrac{1}{10\sqrt{10}}\sin\sqrt{10}\,t$
(2) 振幅は $\dfrac{1}{\sqrt{10}}$ で，周期は $T = \dfrac{2\pi}{\sqrt{10}}$ （約 2.0）(sec)

演習 12.1.2.

(1) $x = v_0\sqrt{\dfrac{m}{k}}\sin\sqrt{\dfrac{k}{m}}\,t$ (2) 振幅は $v_0\sqrt{\dfrac{m}{k}}$ で，周期は $T = 2\pi\sqrt{\dfrac{m}{k}}$

演習 12.2.1.

$s = 0.5\cos\sqrt{\dfrac{g}{10}}\,t$, 振幅は 0.5 m，周期 $T = 2\pi\sqrt{\dfrac{10}{g}}$ （約 6.3）(sec)

演習 12.3.1.

(1) $0.2\dfrac{d^2x}{dt^2} = -10x - 2\dfrac{dx}{dt}$ （初期条件：$t = 0, x = 0, v = 0.4$）

(2) $x = \dfrac{2}{25} e^{-5t} \sin 5t$

演習 12.4.1.
(1) $0.2 \dfrac{d^2 x}{dt^2} = -8(x - 2\cos t)$ （初期条件：$t = 0,\ x = 0,\ v = 0.4$）
(2) $x = -\dfrac{80}{39} \cos 2\sqrt{10}\, t + \dfrac{1}{5\sqrt{10}} \sin 2\sqrt{10}\, t + \dfrac{80}{39} \cos t$

索　引

●アルファベット
RL 回路, 107

●あ行
e^x の微分公式, 94
位置エネルギー, 75
1 次モーメント, 138
1 階線形微分方程式, 99
1 階同次線形微分方程式, 168
1 階の定数係数の非同次線形微分
　　　　方程式, 172
一般解, 20
インダクタンス, 107
インテグラル, 16
インピーダンス, 113

運動エネルギー, 72
運動方程式, 68
運動量, 77
運動量保存の法則, 80

n 回微分可能, 156
円運動の運動エネルギー, 151

オイラーの公式, 163

●か行
回転体の体積, 130
回転面の表面積, 132
角運動量, 146
角加速度, 148
角周波数, 110
角速度, 104
加速度, 26
慣性モーメント, 142

強制振動, 188
曲線の長さ, 125
近似式, 158

区間 I で微分可能, 10

撃力, 81
減衰振動, 185

高次導関数, 156
向心加速度, 106

向心力, 106
合成関数の微分公式, 61
剛体の角運動量, 147
誤差, 158

●さ行
サインとコサインの微分公式, 87
三角関数の基本近似定理, 86
三角関数の積分公式, 88

仕事, 70
自然対数, 91
質点, 26
斜方投射, 42
重心, 139
周波数, 111
重力加速度, 29
衝突, 80
商の微分公式, 59

水平投射, 38

積の微分公式, 58
積分可能, 17
積分する, 16

積分定数, 17
線形性, 8, 15

増分, 11
速度, 26

●た行
第 n 次導関数, 156
第 2 次導関数, 156
タンジェントの微分公式, 88
単振動, 180
単振り子, 182

力, 68
置換積分, 63

定常的な解, 113
定積分, 48
テイラーの定理, 157

導関数, 11
等速円運動, 104
特殊解, 21, 172
特性方程式, 168, 169

●な行

2階同次線形微分方程式, 169

2階の定数係数の非同次線形微分
　　　方程式, 175

2回微分可能, 156

ニュートンの運動の第2法則, 68

ニュートンの運動法則, 68

ニュートンの運動方程式, 68

ネイピアの数 e, 90

●は行

はさみうちの原理, 8

ばね定数, 180

半減期, 114

微小面積, 119

微分, 11

微分可能, 6

微分係数, 6

微分する, 11

微分積分学の基本定理, 53

微分方程式, 20

フックの法則, 180

不定積分, 16

部分積分の公式, 62

平均値の定理, 51

ベクトル, 68

変数分離形, 96

崩壊の法則, 114

放射性崩壊, 114

ポテンシャル, 70

ポテンシャルエネルギー, 75

●ま行

マクローリン級数, 160

マクローリン展開, 160

マクローリンの定理, 158

●ら行

ラグランジュの剰余, 158

力学, 68

力学的エネルギー, 75

力学的エネルギーの保存則, 76

力積, 77

連続関数, 17

$\log x$ の微分公式, 91

●著者紹介

松田 修(まつだ おさむ)
1963年 宮崎県に生まれる
1999年 学習院大学大学院自然科学研究科博士後期課程修了
　　　　専門は代数幾何学
現　在　津山工業高等専門学校教授, 理学博士

著　書
『11 からはじまる数学　k-パスカル三角形, k-フィボナッチ数列, 超黄金数』(東京図書)
『微分積分　基礎理論と展開』(東京図書)
『改訂新版　これからスタート! 理工学の基礎数学』(電気書院)
『徹底マスター　これからスタート! 理工学の基礎数学　演習ノート』(電気書院)

Ⓒ松田　修　2012

要点と整理　物理から考える
微分積分入門
2012年4月20日　　　第1版第1刷発行

著　者　松　田　　　修
発行者　田　中　久米四郎
＜発　行　所＞
株式会社　電　気　書　院
振替口座　00190-5-18837
〒101-0051　東京都千代田区神田神保町1-3 ミヤタビル2F
電　話　03-5259-9160
Ｆ Ａ Ｘ　03-5259-9162
URL : http://www.denkishoin.co.jp

ISBN978-4-485-30068-8　C3042
中西印刷株式会社　＜Printed in Japan＞

乱丁・落丁の節は, 送料弊社負担にてお取替えいたします.
上記住所までお送りください.

JCOPY 〈㈳出版者著作権管理機構 委託出版物〉
本書の無断複写(電子化含む)は著作権法上での例外を除き禁じられています. 複写される場合は, そのつど事前に, ㈳出版者著作権管理機構(電話: 03-3513-6969, FAX: 03-3513-6979, e-mail: info@jcopy.or.jp)の許諾を得てください.
また本書を代行業者等の第三者に依頼してスキャンやデジタル化することは, たとえ個人や家庭内での利用であっても一切認められません.